HARLEY-DAVIDSON

Jim Lensveld

# HARLEY-DAVIDSON

Fotos: Paul Garson und Jim Lensveld

KARL MÜLLER VERLAG

Printed in Spain

Übersetzung: TextCase, Groningen/NL
Redaktion: Martin Wimmer, Dieter Krumbach

ISBN 3-86070-322-6

Dieses Buch wurde nicht unter der Verantwortung
der Harley-Davidson Comp. herausgegeben.

# INHALT

*Eine Harley-Davidson, Baujahr 1915, mit Beiwagen.*

*Eine 1991er Springer Softail mit einer etwas nostalgischen Vordergabel.*

# DIE HARLEY-DAVIDSON-STORY

Die Harley-Davidson-Story beginnt eigentlich im Jahre 1901 mit der Idee, dem Radfahren seine anstrengenden Seiten zu nehmen. Das Jahr 1903 hat die Geschichte der Personenbeförderung eindeutig geprägt. Henry Ford kam in seinem Modell A daher, und die Gebrüder Wright waren die ersten, denen es gelang, sich fliegend von einem zum anderen Ort fortzubewegen. In dieser Zeit beschlossen zwei Tüftler, der 21jährige William S. Harley und sein Jugendfreund Arthur Davidson, ihre Konstruktionszeichnungen in die Praxis umzusetzen. Ein technischer Zeichner deutscher Abstammung, mit einem großen Wissen über die ersten europäischen Motorräder ausgestattet, arbeitete zufälligerweise in derselben Fabrik in Milwaukee, in der auch Harley als technischer Zeichner beschäftigt war und Davidson Stempel herstellte.

Auf der Grundlage der fundierten Kenntnisse des deutschen Konstruktionszeichners, kombiniert mit Harleys früheren Erfahrungen als Fahrradkonstrukteur und Davidsons Fähigkeiten als Stempelmacher, bauten sie abends und am Wochenende in einem zur Werkstatt umfunktionierten Kellerraum Motorräder.

Obwohl die finanziellen Mittel begrenzt und die Materialien noch weit von dem entfernt waren, was man als perfekt bezeichnen könnte, wurde so lange an der Idee weitergearbeitet, bis der Moment kam, an dem ein Monteur benötigt wurde. Der Bruder von Arthur, Walter, war zufällig ein sehr kompetenter Monteur, und da er sowieso zu einer Hochzeit nach Milwaukee mußte, wurde er von Bill Harley und Arthur Davidson zu einer Probefahrt auf ihrem neuen Motorrad eingeladen. Die beiden verschwiegen ihm jedoch, daß das Motorrad zuerst noch zusammengebaut werden mußte, weshalb er sich bei seiner Ankunft dann auch einem aus vielen Teilen bestehenden Krad gegenüber fand. Nach einer wahrscheinlich nicht sehr sicheren Fahrt war sein Leben jedoch völlig verändert. Als Lokführer bei einem Eisenbahnunternehmen wird er wohl wie kein anderer die engen Toleranzen des De Dion Motors geschätzt haben, und weil er die Begeisterung der anderen teilte, blieb Walter fürs erste in Milwaukee.

*Der berühmte Schuppen hinterm Haus; hier bauten Harley und Davidson 1903 ihr erstes Motorrad zusammen.*

Kurz darauf stieß William Davidson zu der Gruppe. Er war als Werkzeugmacher und Vorarbeiter bei der Eisenbahngesellschaft von Milwaukee beschäftigt. Als Facharbeiter mit großer Erfahrung arbeitete er Tag und Nacht mit seinen Brüdern und Bill Harley an der Verwirklichung ihrer Idealvorstellung von einem Motorrad. Wurde man einmal mit schwierigen Problemen konfrontiert, bediente man sich der Hilfe des deutschen Konstruktionszeichners. Ein Freund überließ ihnen Werkstatt, Drehbank und Bohrer, damit sie ihre erste Harley-Davidson fertigstellen konnten. Ersatzteile wurden aus vorhandenen Materialien und mit Hilfe amerikanischen Erfindergeistes gefertigt. Es heißt sogar, der erste Vergaser beispielsweise sei aus einer kleinen Tomatendose entstanden. Das erste umgebaute Fahrrad war mit einem drei PS starken Einzylindermotor ausgerüstet, der das Hinterrad über einen Riemen antrieb. Dieses Exemplar war jedoch an Steigungen immer noch auf die Unterstützung durch menschliche Muskelkraft angewiesen.

Den Konstrukteuren wurde schnell klar, daß ein normaler Fahrradrahmen viel zu leicht für den motorisierten Transport war, denn es lag ja gerade in der Absicht von Harley und Davidson, die Beine beim Radfahren nicht mehr einsetzen zu müssen. Höchste Zeit also, um noch einmal das Zeichenbrett zu bemühen. Beim zweiten Motorrad hatte das Schwungrad bereits die doppelte Dimension, und Ole Evinrude entwickelte einen verbesserten Vergaser, während der Fahrradrahmen durch neue Formgebung nun besser für das Mehr an Leistung ausgelegt war. Erst jetzt waren Bill Harley und die Gebrüder Davidson so weit, ihre Idee verwirklichen zu können. Wir schreiben das Jahr 1903.

Der Raum, den ihnen ihr Freund zur Verfügung gestellt hatte, erwies sich sehr schnell als viel zu klein, um Motorräder darin zu bauen. Mit Hilfe von Vater Davidson, der, wie es der Zufall will, Schreiner und Zimmermann war, wurde der berühmte Schuppen hinterm Haus gebaut. In dem Moment, als auf der Tür der Name „Harley-Davidson Motor Co." prangte, war eine Legende geboren. Und weil Bill Harley den Entwurf für das erste Motorrad geliefert hatte, faßten die Brüder einstimmig den Beschluß, seinen Namen in der Firmenbezeichnung voranzustellen. Im Jahr 1903 produzierte die Harley-Davidson Motor Company drei Einzylindermotoren mit 350 ccm. Alle drei waren bereits vor der Fertigstellung verkauft und bezahlt. Die ersten Harley-Davidsons trugen den Beinamen „Silent Grey Fellow". Die Hausfarbe der Firma war nämlich das Grau, und außerdem war man der Ansicht, daß Motorradfahren ein entspannender Zeitvertreib sei, mit einem Partner auf einsamen Wegen.

1913 hatten einige Besitzer von Harley-Davidsons bereits 100 000 Meilen mit den Originallagern zurückgelegt. Zuverlässigkeit gehörte von Anfang an zu den Schlüsselbegriffen des Unternehmens.

Im Jahre 1904 war die Baracke auf die doppelte Größe angewachsen. Ein Jahr später wurden acht Maschinen nach draußen gerollt, der Schuppen war noch einmal größer geworden, und der erste Mitarbeiter konnte eingestellt werden. Das erste offizielle Milwaukee-Hauptgebäude war im Jahre 1906 fertiggestellt, und die Produktion, in der mittlerweile aufgrund der steigenden Nachfrage noch einmal fünf Mitarbeiter beschäftigt waren, stieg auf 50 Motorräder an. Bill Harley, Arthur, Walter und William Davidson hatten ihre feste Anstellung mittlerweile aufgegeben und steckten all ihre Energie in das Unternehmen, das 1907 offiziell ins Handelsregister eingetragen wurde. Walter Davidson wurde Geschäftsführer, William technischer Leiter, Arthur übernahm den Posten als Sekretär und allgemeiner Verkaufsmanager, und der zukünftige Fabriksmanager hieß William Davidson.

Der Einzylinder wurde auf 500 ccm aufgebohrt und leistete nun 4 PS. Auch die Produktion war weiter angewachsen. Harley Davidson produzierte jetzt 150 Motorräder und stellte eine revolutionäre Vordergabel mit Federung vor. Diese gefederte Vordergabel gehörte bis 1949 zur Grundausstattung aller Modelle. Obwohl die Einzylindermaschine von Harley-Davidson aus dem Jahre 1908 mit einer Höchstgeschwindigkeit von ungefähr 75 km/h bei ihren Besitzern sehr beliebt war, begab sich Bill Harley, der inzwischen sein Ingenieursdiplom an der Universität von Wisconsin erworben hatte, doch auf die Suche nach mehr Power. Anstatt das so erfolgreiche Einzylindermodell der Silent Grey Fellow zu verändern, beschloß Bill Harley, die zusätzliche Leistung durch den Einbau eines zweiten Zylinders hinter dem ersten zu bewerkstelligen. Um das gewonnene Mehr an Leistung bewältigen zu können, mußte das Kurbelgehäuse verstärkt werden. Diese V-Konstruktion wurde zum Markenzeichen der Harley-Davidson-Motorräder.

Obwohl das Motorrad von Haus aus ein Transportmittel war, ließ sich aufgrund der Form dieses Fahrzeugs ein zunehmendes Interesse am Motorsport nicht mehr bremsen. Sogar als die Entwicklung des Motorrads noch in den Kinderschuhen steckte, wollten zahlreiche, sportlich ambitionierte Fahrer schon im Rahmen von Wettbewerben Geschwindigkeit, Zuverlässigkeit, Standfestigkeit u.ä. der Maschinen testen. Bis 1908 hielt sich Harley-Davidson offiziell aus allen Rennsportereignissen heraus, obwohl einige der Harley-Davidson-Motorräder von Privatfahrern sehr wohl bei zahlreichen Veranstaltungen zu sehen waren. Im Juni 1908 kündigte die im Jahre 1903 gegründete Federation of American Motorists (FAM) ein Motorsportereignis von nationaler Bedeutung an. Dieses Rennen, kurz „Durchhaltetest" genannt, sollte insgesamt zwei Tage dauern und von New York nach Brooklyn führen, wo am Ende des 350 km langen Rundkurses von Long Island die Zieleinfahrt lag.

Angesichts der Tatsache, daß Rennsiege von anderen Herstellern in der Fachpresse breitgetreten wurden, entschied Walter Davidson in seiner Eigenschaft als Firmendirektor, daß er es sich nicht länger erlauben konnte, den Wettkampfsport zu ignorieren. Den voraussichtlichen Publizitätserfolg vor Augen beschloß er, selbst teilzunehmen, und zwar auf einem Harley-Davidson-Basismodell. Mehr als sechzig Rennfahrer auf gut zwanzig verschiedenen Marken gingen am 29. Juni 1908 an den Start des Durchhaltetests. Gegen Ende des ersten Renntages hatte sich das Teilnehmerfeld auf den von Kutschenspuren durchschnittenen Straßen bereits um die Hälfte gelichtet, während Walter am Abend mit seiner Maschine noch guter Dinge die

*Bill Harley, Arthur, Walter und William Davidson hatten ihre feste Anstellung aufgegeben und steckten all ihre Energie in den Bau von Motorrädern.*

Wege durchpflügte. Am folgenden Tag meldete er sich für den Rundkurs von Long Island an, um mit den verbliebenen Teilnehmern schließlich die Prüfung erfolgreich zu beenden. Beim Zusammenzählen der Punkte stellte es sich heraus, daß Walter ein nahezu perfektes Ergebnis von 1000 Punkten erreicht hatte. In der Fachpresse wurde viel Wirbel um diesen Sieg gemacht, was zur Folge hatte, daß die Händler einen Umsatzanstieg vermelden konnten.

Im Jahre 1912 stellte Bill Harley die erste kommerziell erfolgreiche Motorradkupplung vor, eine Hinterradnabe mit Freilauf. Eine weitere Neuheit dieses Jahres war die im Rahmen integrierte Sattelfederung. So folgte von Jahr

*Das erste umgebaute Fahrrad war mit einem 3 PS starken Einzylindermotor mit 350 ccm ausgerüstet.*

zu Jahr in schnellem Tempo eine Verbesserung der anderen, wie z.B. 1913 die Kette und ein Getriebe. Ein Jahr später folgte der Kickstarter, und aus dem Jahr 1915 datieren das Dreigang-Getriebe und das elektrische Licht. 1916 gab die Harley-Davidson-Company den „Enthousiast" heraus, das erste echte Motorradmagazin. Die Zeitschrift sollte die große Gemeinde der Harley-Davidson-Liebhaber in der Alten und Neuen Welt über alle Neuigkeiten des Unternehmens am Vorabend des Ersten Weltkrieges auf dem laufenden halten. Die Indian Motorcycle Company, Harley-Davidsons größter Konkurrent, sah sich gezwungen, ihre gesamte Produktion an die Armee zu verkaufen, mit dem Ergebnis, daß Indian während der Kriegsjahre vom Motorradmarkt verschwunden war. Harley-Davidson verkaufte ebenfalls einen Teil seiner Produktion an das Militär, doch aufgrund der guten Beziehungen von William Harley zum Pentagon waren die Motorräder dieser Marke auch weiterhin für Privatleute käuflich.

Nach dem Krieg konnte Indian auf dem Markt nicht mehr Fuß fassen, während sich Harley-Davidson zur bekanntesten Marke der Motorradbranche entwickelte. Oliv-Grün mußte der Hausfarbe Grau weichen, und aufgrund der Nachfrage der Armee nach den V-Twins beschloß das Unternehmen, die Produktion der Einzylinder 1918, von einer kommerziellen Ausführung abgesehen, einzustellen. Der Twin war damals als F-Modell (Magnetzündung) oder J-Modell (elektronische Zündung) erhältlich. Eine von Harleys wenigen revolutionären neuen Modellen war die Sport mit einem 600-ccm-Motor, dessen Zylinder in Längsrichtung des Rahmens eingebaut waren. 1919 erschien die erste Harley Davidson mit Batterie-Zündung, auf die sogar seinerzeit die Autoindustrie voller Neid blickte.

In den 20er Jahren wurden die Harley-Davidson-Motorräder weiter verbessert. Im letzten Drittel von zehn Jahren brachte das Unternehmen sein erstes 1200 ccm V-Twin-Motorrad auf den Markt, das den Anfang einer Legende markierte. Diese neue „1200er" läutete den Harley-Fortschritt der wilden 20er Jahre ein. Von dieser 1200er Version wurde auch ein 1000er Motor mit dem Kürzel J abgeleitet. Als Schmiersystem setzte sich bei den Motorrädern des Jahres 1925 das Fettpressen mit 12 Abschmiernippeln durch. Im selben Jahr wurde der Gußrahmen vorgestellt. Der Teardrop-Benzintank erschien zum ersten Mal im Jahre 1926 an einem neuen 300 ccm BA-Modell. Zwei Jahre später brachte Harley-Davidson als erster Hersteller eine Vorderradbremse an einem konventionellen Motorrad auf den Markt. Diese Neuerung wurde seinerzeit von den Motorradfahrern selbst ziemlich skeptisch aufgenommen. Dem WL 1200 ccm Seitenventil-Twin wurde 1929 mit seiner Big Twin-Power, kombiniert mit der Elastizität eines Einzylinders, ein unmittelbarer Erfolg zuteil. Hier standen 16 Pferdekräfte zur Verfügung, die für eine Geschwindigkeit von ca. 110 km/h gut waren.

Im Jahr 1929 wurde die Wirtschaft von der schlimmsten Depression aller Zeiten getroffen, und viele Motorradfabrikanten konnten sich kaum über Wasser halten; eine große Anzahl von ihnen verschwand sogar völlig. Die Kaufkraft war verschwindend gering, und auch die niedrigen Autopreise und das Wachstum dieser Branche trugen teilweise zu dieser Entwicklung bei. Motorradfahren war in erster Linie zur Freizeitbeschäftigung geworden, und das Geld für solche Dinge war in den 30er Jahren knapp geworden. Harley-Davidson hatte, wie alle anderen Unternehmen, unter dieser Entwicklung zu leiden, was sich auch in den Verkaufszahlen niederschlug. Aber dort, wo andere kapitulieren mußten, hielt Harley-Davidson durch. Ein solides Händlernetz, der Verkauf an Polizei und Armee, ein konservatives Management sowie der starke Export trugen dazu bei.

Und wenn auch die Verkaufszahlen in den 30er Jahren rückläufig waren, die Weiterentwicklung des Motorrades ließ sich dadurch

*1909 wurde der Einzylinder auf 500 ccm aufgebohrt und leistete 4 PS.*

nicht aufhalten. 1930 wurden zwei neue Maschinen vorgestellt: Das 1200 ccm Seitenventil-VL-Modell kam heraus, und die Einzylinder-Modellpalette wurde um einen neuen 400-ccm-Einzylinder erweitert. Da der Transport immer noch oberste Priorität genoß, wurde 1932 der Servicar auf den Markt gebracht: ein Dreirad mit enormem Gepäckraum zwischen den beiden Hinterrädern. Dieser war sowohl für den Transport von Gütern gedacht als auch für den Einsatz bei der Polizei.

Um die Verkaufszahlen wieder hochzuschrauben, beschloß Harley-Davidson, seinen Motorrädern mit ausgefallenen Lackierungen und durch neues Styling ein anderes Image zu geben – weg mit dem Oliv-Drillich des Militärs. Die Benzintanks wurden mit immer schöneren Tankemblemen verziert. Zwei- und dreifarbige Maschinen waren in. Da die Verkaufszahlen der Einzylindermaschinen 1934 auch weiterhin sanken, wurde dieser Typ völlig aus der Produktion genommen.

Die wichtigste Innovation in diesem Zeitraum fand im Jahre 1936 statt. Da die amerikanischen Motorradfahrer nach immer mehr Leistung verlangten, führte der Betrieb den 1300 ccm Seitenventil-Twin und danach den ersten kopfgesteuerten Motor mit 1000 ccm, den Knucklehead, ein. Dieser Motor erhielt seinen Spitznamen von der Form der Ventildeckel, die einem Knöchelkopf ähnelten. Eine mit einem solchen Motor ausgerüstete Maschine leistete doppelt so viel Pferdestärken wie die alte 1000 ccm und war darüber hinaus mit einem Doppelschleifen-Rohrrahmen, einer schwereren Gabel und massiveren Rädern, einem Viergang-Getriebe und der ersten Ölschmierung ausgerüstet.

Im Herbst des Jahres 1939 erhielten sowohl Indan als auch Harley-Davidson Verträge mit der Armee, um diese mit motorisierten Militärfahrzeugen zu beliefern. Harley-Davidsons Antwort auf diesen Auftrag war eine schwere Ausführung des 750 ccm „DLD"-Modells, das von diesem Zeitpunkt an unter dem Namen „WLA" (das A steht für Army) geführt wurde. Von dieser WLA 750 ccm wurden sage und schreibe 90 000 Einheiten produziert. Der Zweite Weltkrieg war auch für die Entwicklung eines speziellen Wüstenfahrzeugs verantwortlich: ein ganz besonderer Harley-Davidson-Zweizylinder mit dem Namenskürzel XA. Nur 1000 Exemplare verließen die Fabrik gegen Ende des Krieges. Zum echten Flaggschiff avancierte ohnehin die 750 ccm WLA, die in Europa unter dem Namen „Liberator" bekannt wurde. Für jedes Motorrad wurde ein riesiger Ersatzteilvorrat hergestellt, was auch die Tatsache erklärt, daß bis zum heutigen Tage Ersatzteile noch in der Original-Kriegsverpackung erhältlich sind.

Nach dem Krieg wollte jeder Motorradfahrer sein altes Fortbewegungsmittel, das ihm durch den Krieg geholfen hatte, durch ein neues Motorrad ersetzen. Durch den Materialmangel blieb der Harley-Fabrik nach den Kriegswirren in den ersten zwei Jahren keine Zeit für die Entwicklung neuer Modelle. Die Produktion für den zivilen Markt begann 1947 wieder normal zu laufen. Die Knucklehead erhielt einen neuen Motorblock mit Ventilstößeln, bei denen das Spiel hydraulisch ausgeglichen wurde (Tappets genannt). Die Form der Zylinderköpfe wurde vollständig verändert. Der Motor erhielt nach dieser Modifikation den Namen Panhead. 1949 erblickte die Hydra-Glide das Licht der Motorradwelt: ein Big Twin mit einer neuen hydraulischen Vorderradgabel. Eine kleinere Ausführung dieser Gabel wurde in dem 125-ccm-Einzylinder-Modell montiert und erschien 1951 als Tele-Glide auf dem Markt.

Während der unruhigen 40er Jahre bereitete sich eine neue Generation Harleys und Davidsons vor, in die Fußstapfen der Unternehmensgründer zu treten. William A. Davidson war im Jahre 1937 gestorben, und Harley-Davidsons Direktor der ersten Stunde, Walter Davidson, starb am 7. Februar 1942 im Alter von 66 Jahren. Bill Harley folgte ihm 1943. Der Tod der Männer der ersten Stunde war ein schwerer Schlag für das Unternehmen, das von ihnen gegründet worden war, die Familientradition wurde jedoch fortgeführt. Der

letzte der vier Gründungsväter, Arthur Davidson, starb am 30. Dezember 1950 an den Folgen eines Autounfalls. Von diesem Zeitpunkt an war die neue H-D-Generation vollkommen auf sich selbst gestellt.

Die Jahre 1952 und 1953 waren von einigen durchgreifenden Veränderungen gekennzeichnet, als jedes Modell mit verchromten Kolbenringen ausgerüstet wurde. Das K-Modell aus dem Jahre 1952, eine Zweizylindermaschine mit 750 ccm, ersetzte die WL 750 ccm. Die Maschine hatte einen niedrigen Rahmen und war mit Teleskopgabel und Hinterradfederung ausgestattet. Als 1954 einer der ältesten Konkurrenten von Harley-Davidson, die Indian Motor Company, vom Motorradmarkt verschwand, war Harley-Davidson zu diesem Zeitpunkt der einzige Überlebende auf dem einst so engen Markt. Im Frühling desselben Jahres erhielt das „vogelfreie" Image des Motorradfahrens in dem Film „The Wild one" Gestalt, in dem Marlon Brando eine der Hauptrollen spielte.

*Das erste offizielle Milwaukee-Hauptgebäude wurde 1906 eingeweiht.*

1957 kam die Sportster in einer noch schnelleren Ausführung mit einem 750-ccm-Motor mit obenliegenden Ventilen heraus. Ein Jahr später erhielt die Hydra-Glide Vorder- und Hinterradfederung und wurde deshalb Duo-Glide genannt. Durch den stark gestiegenen Import während der 60er Jahre mußte Harley-Davidson ungefähr 90% seines Marktanteils einbüßen. Im Zeitraum von 1960 bis 1978 importierte Harley sogar italienische Motorräder, um auch die Nachfrage nach leichten Motorrädern befriedigen zu können. Zielgruppe des Unternehmens waren immer noch Polizei und Armee sowie die sogenannten Outlaws. Den Outlaws jedoch gefielen die von der Fabrik ausgelieferten Harleys überhaupt nicht. Sie fingen an, die Maschinen von allem überflüssigen Ballast zu befreien. Die Maschinen wurden gestrippt, oder wie die Amerikaner es nennen, „gechopped". In dem Film „Easy Rider" aus dem Jahre 1969 sind zwei auf diese Weise präparierte Harley-Chopper auf einer Rundfahrt durch die USA zu bewundern. Aufgrund der großen Popularität des Films gewann das Motorradfahren immer mehr an Beliebtheit. Viele Harley-Davidson-Fahrer fingen an, ihre Maschine radikal „auszuziehen". In Europa dauerte diese Entwicklung etwas länger als in Amerika, aber ab 1970 sah man auch hier immer mehr Chopper auf den Straßen. Gegen Ende der 60er Jahre stand Harley-Davidson an der Schwelle einer neuen Zeitrechnung. Das Unternehmen, das sich mehr als 60 Jahre in Privatbesitz befunden hatte, wurde 1965 zum Kauf angeboten, und vier Jahre später ging H-D dann auch eine Fusion mit der American Machine and Foundry Company (AMF) ein.

Der Zusammenschluß mit AMF verschaffte Harley-Davidson die Mittel, die der Betrieb für ein weiteres Wachstum benötigte. 1972 dominierte der vollständig aus Aluminium gefer-

Die AMF hatte viel zur Modernisierung von Harley-Davidson beigetragen und versucht, das Unternehmen durch die schwierige Wachstumsphase zu begleiten. Nun war es an der Zeit, wieder auf eigenen Beinen zu stehen. Die große Neuigkeit wurde am 26. Februar 1981 bekannt, als einige Harley-Davidson-Bevollmächtigte mit der AMF Übereinstimmung hinsichtlich des Rückkaufs der Harley-Davidson Motor Company erzielten. Während einer Pressekonferenz in Daytona Beach eine Woche später wurden die positiven Aspekte der Fusion noch einmal beleuchtet: Durch bedeutende Investitionen im Zeitraum zwischen 1969 bis 1980 im Bereich Motorräder und Golfwagen war der Umsatz von Harley-Davidson von $ 49 Millionen auf ca. $ 300 Millionen gestiegen. Das Unternehmen konnte nun mit Stolz zurückschauen und voll Zuversicht in die Zukunft blicken. The Eagle soars alone...

*Arnold Schwarzenegger auf einer Easy Rider, einem der Chopper-Modelle von Harley-Davidson.*

*Das weithin bekannt Harley-Davidson-Emblem.*

tigte Motorblock der XR-750 die Rennszene. Neben dem Erfolg im Motorsport legte Harley vor allem im Bereich schwerer Tourenmaschinen zu. Das Unternehmen baute die Vordergabel in die Electra-Glide ein und choppte hie und da etwas von überflüssig gewordenem Beiwerk.

Die Harley-Davidson-Serie des Jahres 1976 bestand aus einer Electra-Glide, zwei Super-Glides, zwei Sportstern, sechs Leichtmotorrädern und einer 50er Jahre-Liberty-Ausführung der fünf V-Twin-Modelle. Die FXS Low Rider, die 1977 erschien, war eine Quelle der Inspiration für viele Modelle, die später auf den Markt kamen. Ende der 70er Jahre mischte sich der Staat aus Umweltgründen immer mehr in das Motorradgeschehen ein. Strengere Vorschriften zwangen zu modifizierten Vergasern sowie verbesserten Zünd- und Auspuffanlagen. Das Unternehmen erfüllte erstaunlicherweise all diese neuen Bestimmungen und begann in dieser Periode auch damit, sich bewußter um seine Kundschaft zu kümmern. Auf der Bike Week 1981 während der alljährlich stattfindenden Motorrad-Show in Daytona brodelte es in der Gerüchteküche im Hinblick auf die Zukunft des Traditionsunternehmens.

# DAS GUTE ALTE STÜCK:
## *die '03-'04 Harley-Davidson-Einzylinder*

Alte Motorräder werden auf dieselbe Art und Weise zum Sammlerobjekt wie Ming-Vasen oder Elvis-Schals. Sie bringen viel Geld ein und steigen jedes Jahr im Wert. Dasselbe gilt auch für Harleys von dem Moment an, wo Menschen der Meinung sind, daß das Investieren in Metall eine lohnende Sache sei. Der historische Wert des H-D '03-'04-Modells ist wahrscheinlich einzigartig; von den wenigen Maschinen, die hergestellt wurden, gibt es nur noch eine einzige. Harley-Davidson steckte noch in den Kinderschuhen, und man hoffte auf einen wirtschaftlichen Erfolg, als die 1903-Modelle unter dem Namen „Modell 1904" modernisiert wurden. Deshalb lebt diese Ausführung unter dem Namen '03-'04-Modell weiter.

Um sich eine Vorstellung vom technischen Niveau dieser Zeit machen zu können, muß berücksichtigt werden, daß die Harley-Davidson Motor Company erst im Jahre 1903 ihre Aktivitäten begann, zu einem Zeitpunkt also, als die Brüder Wright eine Sanddüne in Kitty Hawk in North Carolina erkletterten, um von dieser Stelle aus ein aus Holz und Papier konstruiertes Flugzeug auf eine historische Reise zu schicken. William, Walter und Arthur Davidson, drei Brüder mit Qualitäten als Werkzeugmacher, standen kurz davor, eine konkrete Zusammenarbeit mit dem genialen Ingenieur William Harley einzugehen, und zusammen schrieben auch sie ihre eigene Geschichte, wenn es dabei auch nur um eine zweirädrige und nicht flugfähige Variante ging. Das Harley-Davidson-Motorrad jedoch befand sich in den Augen der motorradbegeisterten Öffentlichkeit bereits auf ebenso hohem Niveau wie ein Flugzeug.

Man braucht nicht viel Phantasie, um sich diese erste Harley als einfaches Fahrrad mit zwei Rädern und einem Motor dazwischen vorzustellen. Die Antriebseinheit bestand aus einem 400 ccm De Dion-Einzylinder-Viertaktmotor mit unvorstellbaren 4 PS Leistung. Zur gleichen Zeit waren in ganz Amerika Motorbauer damit beschäftigt, ihre eigene Version aus diesem Wunder zwischen zwei Rädern zusammenzubasteln. Die Davidsons und Bill Harley, die neben ihrer festen Anstellung (die sie zur Sicherheit vorläufig beibehielten) nur abends und an Wochenenden arbeiteten, bauten und, was noch viel wichtiger war, verkauften 1903 drei Motorräder, alle in schwarz, 1904 zwei Motorräder und 1905

*Der Antrieb der ersten Harley bestand aus einem 400 ccm De Dion Einzylinder-Viertaktmotor mit einer Leistung von 3 PS.*

1903
AND
1904
HARLEY
DA

HARLEY-DAVIDSON
1903
AND
1904

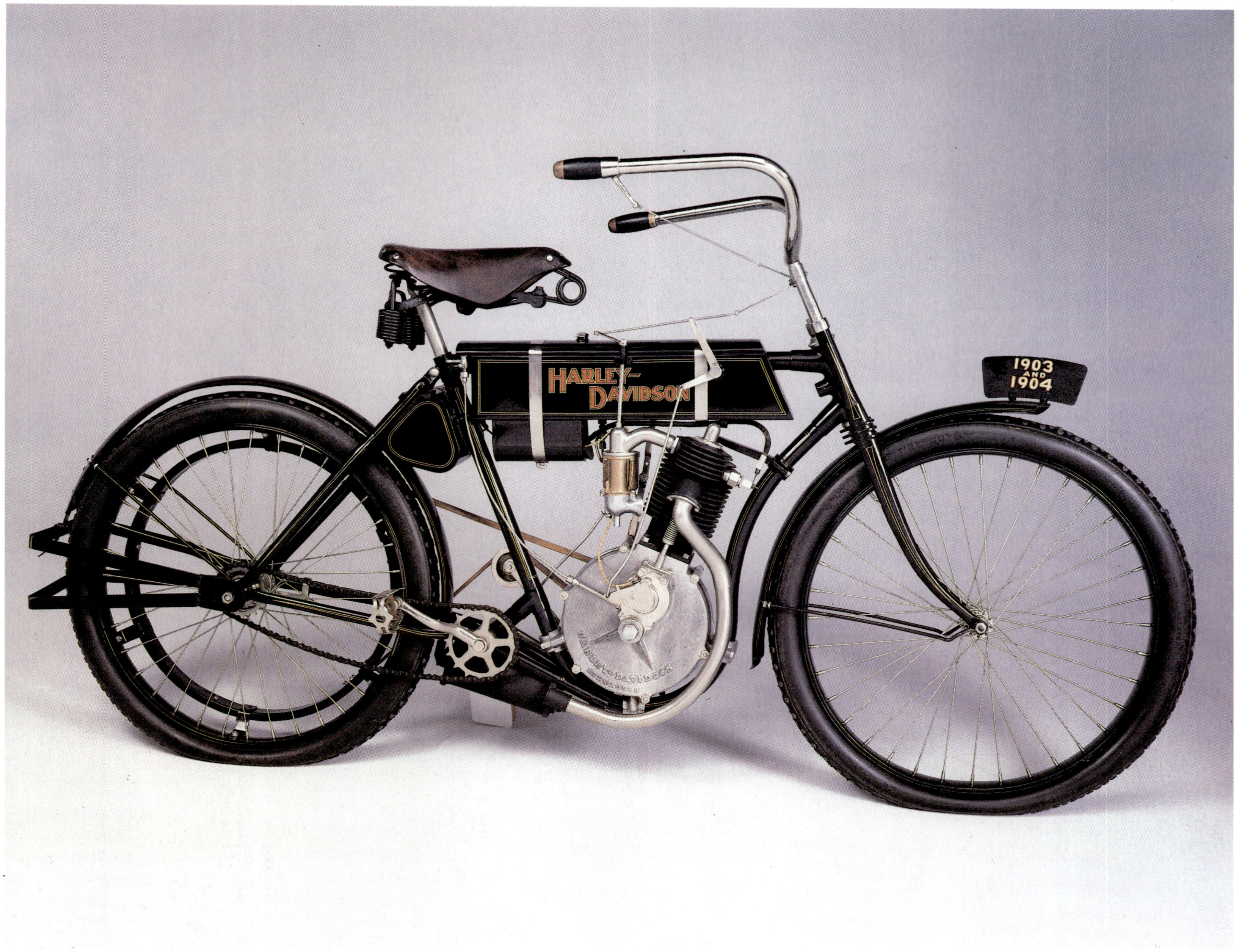


*Ein großer Fortschritt war die Modernisieriung des veralteten „soup can"-Vergasers mit „auto float feed" unit.*

acht. Als 1906 das Geschäft langsam in Schwung kam, wurden 50 Harley-Davidsons gebaut und verkauft.

Mit insgesamt genau einem Mitarbeiter arbeiteten sie an ihren Kreationen in einer Baracke von 3 auf 5 m, die ihr Vater im Garten hinter ihrem Haus in der 38. Straße des Highland Boulevard in Milwaukeee, Wisconsin, gebaut hatte (heute ist dieses Grundstück Eigentum der Miller Beer Company, einer Brauerei!). Eine andere, ebenfalls unbezahlte Mitarbeiterin war Tante Janet, die die charakteristischen roten Streifen von Hand auf die ersten Modelle aufmalte. Das weltberühmte „Harley-Davidson Motor Company"-Logo, das auf dem Tank der Maschinen prangt, ist aus ihrer Hand entstanden.

Eine der wesentlichen Verbesserungen bestand in der Modernisierung des veralteten „soup can"- Vergasers durch eine „auto float feed unit", die laut einem aus dieser Zeit stammenden Prospekt dem Motor ohne irgendeine weitere Veränderung zu einer beachtlichen Beschleunigung von 5 auf 45 Meilen/h verhalf. Für diese Zeit, die nun fast 90 Jahre zurückliegt, war das ein ganz beachtlicher Fortschritt. Aller Wahrscheinlichkeit nach erhielten die Davidsons von ihrem Nachbarn Ole Evinrude die richtigen Tips, wie sie den Vergaser verbessern konnten. Evinrude selbst machte sich einen Namen als Schiffsmotorenbauer.

**Technische Daten**

- Motor: luftgekühlter De Dion Einzylinder-Viertaktmotor, 400 ccm, 3 PS
- Schmierung: Verlustschmierung, separater Öltank
- Elektrik/Zündung: 3-Zellen-Batterie, 1 Zelle liefert Zündstrom
- Vergaser: automatische float feed
- Kraftübertragung: kein Getriebe, direkter Riemenantrieb, Handgas, Start durch Ankurbeln oder mittels Pedalkraft

Diese ersten Modelle waren natürlich reine Handarbeit, und sie hinterlassen deshalb einen solch primitiven Eindruck, weil sie noch nicht über ein adäquates Antriebssystem verfügten. Stattdessen mußte ein Lederriemen herhalten, der direkt vom Motorblock aus über ein an der Hinterradfelge befestigtes Laufrad lief. Von einem Elektro- oder Kickstarter konnte natürlich überhaupt noch nicht die Rede sein.

Das Motorrad mußte angeschoben werden, bis die benötigte Kompression erreicht war, und dann mußte man draufspringen und solange in die Pedale treten, bis der Motor ansprang. Für den Preis eines Motorrads, das ungefähr genauso schnell fuhr, wie ein Mensch laufen konnte, erhielt man noch ein zusätzliches kostenloses Konditionstraining.

Aber schließlich hatte diese Entwicklung zur Folge, daß der Ruf von Harley-Davidson auf Zuverlässigkeit begründet wurde, und in den darauf folgenden Jahren war es die typische Mystik, die schließlich zu einer Motorradmagie führte. Diese Magie wird immer größer und gewinnt, wie die Harley-Davidson-Motorräder, täglich an Kraft hinzu.

HARLEY-
DAVIDSON

# DER KÖNIG DER HIGHWAYS:
## *1948 Panhead*

*Die Panhead von 1948 mit neu entwickelten Kipphebeln und Zylinderköpfen.*

Der Zweite Weltkrieg war bereits seit drei Jahren vorbei, und die Vereinigten Staaten von Amerika sonnten sich im Siegesglanz und dem damit zusammenhängenden Status als Weltmacht von Rang. Die Kriegssituation hatte den technischen Fortschritt enorm beschleunigt, und die amerikanische Industrie nahm in der Welt eine Spitzenposition ein. Nicht nur hatte Harley-Davidson die unsicheren Kriegsjahre überlebt, sondern dem Betrieb gelang es sogar, einen beträchtlichen Schritt nach vorne zu tun.

Ein Beispiel: Kurz vor dem amerikanischen Kriegseintritt 1940 wurden bei den „61"er und auf Wunsch bei den „45"er und „75"er-Modellen serienmäßig Aluminium-Zylinderköpfe montiert. Ein Jahr später stellte Harley-Davidson die beeindruckende 74 cubic inch mit obenliegenden Ventilen vor. Als Folge der Ereignisse in Pearl Harbour sanken die Verkaufszahlen, weil die Harley-Davidson-Fabriken auf vollen Touren für die Kriegsindustrie arbeiteten.

In den Kriegsjahren baute Harley-Davidson mehr als 90 000 WLA 45er (und Ersatzteile für noch einmal 30 000 Einheiten) und den speziell konstruierten Boxermotor mit 45 cubic inch XA und Kardanwelle anstelle des etwas anfälligeren Kettenantriebs, bestimmt für den Wüstenkrieg gegen Rommel. Der Ruhm der knapp 1000 gefertigten XAs wurde jedoch schnell vom bereits folgenden exklusiven Harley-Davidson-Modell eingeholt.

1947 war der normale Produktionsstand für den zivilen Markt wieder erreicht, und die neue, mit Stößeln mit hydraulischem Spielausgleich und Aluminium-Zylinderköpfen ausgestattete „74" läutete ein neues Zeitalter ein. Das 1948 vorgestellte Modell erhielt aufgrund der neuen Konstruktion der Kipphebel und Zylinderköpfe den Namen „Panhead". Die Panheads setzten sich vor die Knuckleheads und überzeugten durch bessere Ölsysteme und geringeres Gewicht (4 kg weniger als die vollkommen aus Metall herge-

HARLEY-
DAVIDSON

stellten Knucklehead-Motorblöcke). Die Pans rollten 18 Jahre lang vom Band, eine beachtliche Lebensdauer für eine Motorenvariante. Da sich dieser Motor über viele Produktionsjahre hinweg als äußerst zuverlässig erwiesen hatte, konnte man seine Aufmerksamkeit der Verbesserung anderer Bereiche widmen, wie z.B. der hydraulischen Vorderradfederung

*Die Panheads überzeugten durch verbesserte Ölsysteme und geringeres Gewicht.*

und der Hinterradfederung. Durch die zunehmende Verwendung von Aluminium bei der Herstellung vieler Teile konnten eine bessere Wärmeableitung und geringeres Motorgewicht erreicht werden.

An diesem besonderen, in Rot ausgeführten Modell, einer 1948 FL, ist noch immer eine Springer-Vorderradgabel zu sehen, die ein Jahr später durch eine hydraulische Variante ersetzt werden sollte (wie auf der Hydra-Glide). Aufgrund der komfortablen Fahreigenschaften, eine Konsequenz der neuen Vordergabel, verdiente sich die Panhead den

*1965 erhielt die Electra-Glide eine 12-Volt-Anlage und einen Elektrostarter.*

Titel „König der Highways". Durch die Einführung eines Elektrostarters und der 12 Volt-Anlage (Electra-Glide) im Jahre 1965 wurde das Motorrad schließlich noch einmal aufgewertet.

Die Panhead war vollkommen neu: neue Aluminium-Ventildeckel, eine neue Nockenwelle, neue Auspuffanlage, neue Querrohre, eine neue Ölpumpe (25% höhere Ölzufuhr zu den Zylinderköpfen). Es war sogar von Zündkerzen mit einem höheren Wärmewert die Rede, wodurch eine höhere Leistung bei geringeren Drehzahlen realisiert werden konnte.

Das Getriebe wurde von Hand geschaltet: Je härter man den Schalthebel bediente, umso besser ließen sich die Gänge einlegen. Um schalten zu können, mußte die Kupplung nicht an einem Handhebel gezogen, sondern mit einem Fußpedal bedient werden (1947 geändert). Im Jahr der Markteinführung 1948 konnte die Panhead auf Wunsch in einem grellen Himmelblau geliefert werden. Andere Bereicherungen waren das Lenkradschloß und ein komfortabler, Latex-gepolsterter Sattel.

Neben der hydraulischen Vordergabel wurde die Panhead 1949 als erste Maschine mit einer größeren Vorderbremstrommel ausgerüstet, und der ein Jahr später modifizierte Einlaßkanal sorgte für eine um 10 PS höhere Leistung, während 1952 die ersten fußgeschalteten Modelle auf den Markt kamen. Für die „Traditionalisten" war jedoch die Handschaltung der Harley-Davidson auch weiterhin erhältlich.

**Technische Daten**

- Motor: 45 Grad V-Twin, luftgekühlt (3 7/16 inch Bohrung, 3 31/31 Hub, 74 cubic inch Hubraum 50 PS bei 4800 U/min
- Schmierung: Trockensumpfschmierung, 4-Liter-Tank
- Zündanlage: Batterie
- Vergaser: Schebler 15/16
- Kraftübertragung: handgeschaltetes 4-Gang-Getriebe, Fußkupplung

Obwohl in den beinahe 20 Produktionsjahren viele Neuerungen eingeführt worden waren, änderte sich am ursprünglichen Charakter der Panhead nichts. Die extreme Leistung und die beispiellose Zuverlässigkeit trugen viel zum wohlverdienten Ruhm dieser Maschine bei.

*Eine typische Panhead von 1953.*

# FRÜHLINGSGEFÜHLE 1958:
## *die erste Sportster*

*Die Sportster war der Inbegriff eines perfekten Motorrads: ein schlankes äußeres Erscheinungsbild und eine unglaubliche Leistung.*

1957 war das Leben noch einfach und übersichtlich. Es gab Schwarz-Weiß-Fernsehen, und oft konnte man schon jemandem an der Hutfarbe ansehen, ob er zu den „Guten" oder den „Schlechten" gehörte. Eisenhower war immer noch Präsident der Vereinigten Staaten – kurzum: Alles ging seinen gewohnten Gang.

Und dann wurde der Sputnik ins Weltall geschossen, und der Raumfahrt-Wettlauf hatte begonnen. Und als ob damit nicht schon genug Aufsehen erregt worden wäre, erschien plötzlich auch noch eine Sportster am Motorrad-Firmament.

Eine Anzeige aus dem Jahr 1958 verkündete: „Frühlingsgefühle – 365 Tage im Jahr". So oder ähnlich mußte der Zeitgenosse das Fahren auf der neuen Sportster von Harley-Davidson empfunden haben. „Dank des kraftvollen 55 cubic inch OHV-Motors geht die Sportster aus einer katzenhaften Beschleunigung unmerklich in einen fließenden, scheinbar mühelosen Trab über. Hier wurde pulsierende Kraft perfekt gebändigt, bereit, sich unter dem Willen des Fahrers zu entfalten." Und weiter: „Die hydraulische Vordergabel und die Hinterradfederung tragen den Fahrer wie auf sanften Wolken. Und die ‚voluminösen Bremsen" nicht zu vergessen, die

HARLEY-
DAVIDSON

HARLEY-
DAVIDSON
MOTOR
HARLEY DAVIDSON
CYCLES
MADE IN U.S.A.

für ein geschmeidiges und sicheres Abbremsen sorgen".

Vielleicht zeugten solche Superlative wie „perfekt, wie auf Wolken" und „voluminös" von einer außergewöhnlichen Begeisterung des Texters, aber die Markteinführung der Sportster war zweifellos ein Meilenstein in der Geschichte des Motorradfahrens im allgemeinen und der von Harley-Davidson im besonderen.

Die XL Sportster mit obenliegenden Ventilen wurde 1957 (Modell 1958) zum ersten Mal als Nachfolger der Flathead 55 cubic inch KH vorgestellt und erwarb sich schon bald den Ruf als „The Original American Muscle Bike". Die Sportster hatte alles, was ein Motorrad braucht: ein schlankes Äußeres und eine nahezu unglaubliche Leistung. In den folgenden Jahren verpaßte man ihr ein nur allzu gut bekanntes Markenzeichen: den berühmten „Peanut-Tank"; eine heißere Nockenwelle gab es als Zugabe. Die „Sporty" wurde sofort zum Bestseller und demnach zu einem Verkaufserfolg. Nichts ist amerikanischer als eine Sportster.

Obwohl der Vorläufer der Sportster, das K-Modell, über klare Pluspunkte verfügte, wurde diese Ausführung von der Sportster vollständig hinweggefegt. Die Hubraumvergrößerung, insgesamt 883 ccm, und die

*Das Markenzeichen der Sportster: der „Peanut-Tank" und die schnelle Nockenwelle.*

obenliegenden Ventile resultierten in einem Leistungszuwachs von 12%. Nun ja, Vibrationen ließen sich zwar nicht leugnen, aber wer wollte sich daran schon stören – hatte man doch eine modernisierte, 40 PS starke und gebrauchsfreundliche Maschine mit einer Motor-Getriebe-Einheit (durch das Entfernen von nur einem Deckel konnte man jetzt an der Primär-Kraftübertragung arbeiten) zwischen den Beinen. Die automatische Hinterradfederung glich Fahrbahnunebenheiten so gut aus, daß die XLs als „on and off the road"-Maschinen charakterisiert wurden.

Die Entwicklung der Sportster verlief im Eiltempo. 1959, im zweiten Jahr ihrer Geschichte, profitierte dieses Modell von technischen Modifikationen, die in einer noch höheren Geschwindigkeit resultierten, wie z.B. die Verwendung von Kolben, die die Verdichtung erhöhten, einer verbesserten Einlaßkanalführung, größere Ventile und Aluminiumstößel. Aber alles fing mit dem original Sportster-Modell an, das der hier abgebildeten schwarz-weißen Schönheit entsprach.

In derselben Anzeige von 1958 war außerdem zu lesen: „Gehen Sie doch einmal mit einer Sportster aus." So wie jeder von uns sich an seine erste Liebe erinnert, denkt auch jeder an seine erste Sportster zurück. Es ist durchaus denkbar, daß Fernsehprogramme wie „Then Came Bronson" (1969-1970) zur Vergrößerung des Images der Sportster beigetragen haben. Wahrscheinlicher ist jedoch, daß die Sportster, die es bereits 1958 gab, demjenigen der TV-Show zu einem höheren Ansehen verholfen hat. Denn wer kennt die Namen der Schriftsteller und Produzenten der TV-Show noch, in der eine Sportster im Mittelpunkt stand? Amerika, das Land von Apfelkuchen mit Harleys.

**Technische Daten**

- Motor: 55 cubic inch, luftgekühlter V-Twin, OHV, Bohrung 3 inch, Hub 3 13/16 inch, hochgewölbte, aluminiumlegierte Kolben, 40 PS, 883 ccm Hubraum
- Schmierung: zirkulierend durch Tankrad-Druckpumpe
- Zündanlage: Zwei-Bürsten-Lichtmaschine, Batterie und Zündspule
- Vergaser: Linkhert
- Kraftübertragung: Harley-Davidson-Viergang-Getriebe, Fußschaltung, Handkupplung

# DER LETZTE DER MOHIKANER: *die 1965er Panhead*

*Die letzte Panhead mit allerletzten Verbesserungen.*

1965 schlug Cassius Clay (alias Mohammed Ali) seinen Gegner Sonny Liston nach 48 Sekunden in der ersten Runde k.o. – ein schwerer Schlag für Sonny und die vielen begeisterten Zuschauer. Unerwartet war aber auch die Nachricht, daß die Harley-Davidson Motor Company, ein zu diesem Zeitpunkt seit mehr als 60 Jahren existierendes Privatunternehmen, auf dem freien Aktienmarkt 1965 zum Verkauf stand. Vier Jahre später, 1969, sollte es durch verschiedene Umstände zur Fusion mit der „American Machine and Foundry Co." kommen, die für die Herstellung von Bowlingkegeln bekannt war (die gefürchtete AMF-Übernahme läßt Harley-Davidson-Traditionalisten noch heute erschaudern). Das war das Ende einer Epoche. Positiver war da schon der nationale Geschwindigkeitsrekord von George Roeder, den dieser mit einer kleinen 250 ccm Harley-Davidson-Sprinter bei 177,225 Meilen pro Stunde aufstellte.

1965 war mit der Produktion der letzten Panhead erneut ein denkwürdiges Datum erreicht. Diese Maschine war wie die Knucklehead lange Zeit stolzes Zugpferd von Harley-Davidson gewesen, mußte jedoch gezwungenermaßen der unaufhaltsamen technologischen Entwicklung weichen. Und doch wurde die letzte, in allerletzter Produktionsminute noch verbesserte Pan aus der Fabrik gerollt. Dieses Modell ist heute unter dem Namen Electra-Glide bekannt, ausgerüstet mit dem ersten Elektrostarter und einer 12-Volt-Anlage (vorher 6 Volt).

Neben höherer Leistung und dem durch Knopfdruck erleichterten Startvorgang spendierte man der Panhead auch noch eine geschlossene Primärkette und einen 5-Gallonen-„Turnpike"-Tank für lange Non-Stop-Touren.

Electra Glide

HARLEY - DAVIDSON

*Die Panhead wurde 1965 wegen ihres Elektrostarters „Electra-Glide" getauft.*

Die 1948 vorgestellte Panhead hatte aufgrund einer Reihe von Verbesserungen und Modifikationen nicht nur eine andere Federung erhalten, sondern auch einen neuen Namen. Das Modell begann seine lange Laufbahn in einem Hardtail-Fahrwerk, das nur mit einer Sattelfederung ausgerüstet war, um die gröbsten Stöße aufzufangen. 1949 hieß sie ursprünglich Hydra-Glide, später, 1958 nämlich, war sie als Duo-Glide bekannt und glitt schließlich ab 1965 als Electra-Glide über die Highways. Eine Zeitlang waren die Panheads in der 61- und 74- cubic inch-Ausführung erhältlich. Die Leistungszunahme kam mit den Jahren; 1950 10 PS mehr und durch die Einführung der „hi-lift cams" und dank eines besser atmenden Luftfilters 12% mehr im Jahre 1956.

Anfang 1958 wurde das Fahren komfortabler, als der „Hardtail-Rahmen" ausgemustert wurde und die Hinterradschwinge und die hydraulische Telegabel in der Duo-Glide zum Einsatz kamen. Anfangs gab es Probleme mit diesen neuen Systemen (die California Highway Patrol wollte sogar wieder die alten Hardtails zurückhaben), diese wurden jedoch auf solch hoher Ebene gelöst, daß sogar Flugzeugkonstrukteure mit Harley-Davidson Verhandlungen über die Entwicklung von Landefahrgestellen führten. Wieder einmal bewies Harley-Davidson, den richtigen Riecher gehabt zu haben.

Verschiedene Ausführungen der Panhead (Modell 65-FLHFB, FLFB, FLB) wurden vom klassischen 74 cubic inch OHV-Motor angetrieben, der in der hand- und fußgeschalteten Version erhältlich war. Während der zehn Jahre, in denen dieses Modell produziert wurde, verdiente sich die Pan den Titel „König der Highways" zu Recht, und die letzte 6930 F-Serie, die im letzten Jahr produziert wurde, trifft man bis zum heutigen Tag noch auf allen Straßen der Welt an.

Die hier abgebildete Panhead wurde auf einer Ersatzteilbörse entdeckt. Ihr Tacho stand auf 45 000 Meilen. Ein englischer Journalist beschrieb die Harleys einmal als „mächtige Wurlitzer", und tatsächlich ist es so, daß die klassische Pan mit ihren Fishtail-Auspuffrohren, den zahlreichen Chromverzierungen, dem Ledersattel mit Fransen, den Weißwandreifen und dem zugehörigen Schmuckwerk eine gelungene Symphonie darstellte – eine Verkörperung von Luxus auf zwei Rädern.

**Technische Daten**

- Motor: luftgekühlter 45 Grad V-Twin, 74 cubic inch, 65 PS
- Schmierung: Trockensumpfschmierung
- Zündanlage: 12 Volt, Elektrostarter
- Vergaser: Schleber
- Kraftübertragung: 4-Gang-Getriebe, Hand- oder Fußschaltung

# 1952:
## *Cop Bike*

*Eine Harley-Davidson Panhead-Polizeimaschine von 1952, auch Hydra-Glide genannt.*

Vor langer Zeit, als man in den Staaten noch ziemlichen Ärger bekommen konnte, wenn man statt der erlaubten 30 mph 60 mph fuhr, waren die Motorräder der Polizei meistens Harleys oder Indians: schwere Maschinen, die ohne Überhitzung lange im Leerlauf betrieben werden konnten und mit denen man stundenlang die zu jener Zeit hohen Geschwindigkeiten von 55-65 mph fahren konnte. Auch die Geschwindigkeiten, die heute auf den Schnellstraßen gefahren werden, stellen für diese Maschinen kein Problem dar. Zur damaligen Zeit war die Polizei mit einem Radio ausgerüstet, mit dem man zwar Nachrichten empfangen, nicht jedoch senden konnte. Auf diese Weise war es immerhin möglich, den Einsatz der Motorradpatrouillen von der Zentrale aus zu koordinieren.

Von den Polizeibehörden wurde der Nutzen des Motorrades bereits sehr früh erkannt, als nämlich 1904 die ersten motorisierten Fahrräder in großer Zahl auf den Straßen erschienen. Indian, Harley-Davidson, Thor, Henderson, Ace und viele andere Motorradmarken wurden von Hunderten lokalen Verkehrspolizeikorps eingesetzt.

Auf dem Foto ist eine Harley-Davidson „Panhead"-Polizeimaschine aus dem Jahre 1952 zu bewundern. Panhead ist der Spitzname, den Motorradfahrer diesem Modell aufgrund seines Motorblocks gaben, dessen Kipphebeldeckel an die Form von Töpfen erinnerten. Der am meisten verwendete Namen ist Hydra-Glide, wegen der Teleskopgabel mit hydraulischer Dämpfung. Diese wurde zum ersten Mal 1949 bei einer Harley-Davidson

G.G.P.D.

eingesetzt. Die Hydra wurde 1958 mit einer Hinterradfederung ausgerüstet und hieß danach Duo-Glide.

Im letzten Produktionsjahr der Panhead, 1965, wurde die Duo wegen des neuen Elektrostarters in Electra-Glide umgetauft. Die Panhead war 1948 der Nachfolger der Knucklehead und die erste Harley-Davidson mit obenliegenden Ventilen, Aluminium-Zylinderköpfen und einer Vorrichtung, die hydraulisch das Spiel der Stoßstangen und Ventile ausglich, „Tappets" genannt. Diese bedürfen nach der ersten Justierung keinerlei Wartung mehr. In den ersten Jahren des Gebrauchs der hydraulischen Tappets waren diese im oberen Stoßstangenende montiert.

1953 wandern die Tappets bei den 1200ern aufgrund von Öldruckproblemen unter die Stößel. Die 1000er Maschinen waren ursprünglich nur in der Version mit Stößeln ohne Tappets erhältlich. Man hielt es anscheinend nicht für nötig, dieses Modell ebenfalls für ein Jahr anzupassen, da die 1-Liter-Modelle 1954 verschwanden. Die Tappets blieben im übrigen bis 1984, dem Jahr der Shovel, unverändert. Auch bei den heutigen Evolutions sind solche Tappets unter den Stößeln montiert.

Die Ölzufuhr in die Zylinder wurde bei den 1200er Panhead-Modellen über einen kleinen Kanal bewerkstelligt, was zur Folge hatte, daß das Öl zum Zeitpunkt des Erreichens der Zylinderköpfe extrem heiß und dünn geworden war, was natürlich einer guten Kühl- und Schmierleistung nicht gerade förderlich war. 1963 wurde dieser Prozeß einfach umgekehrt, was zur Folge hatte, daß das Öl über Kanäle in den Zylindern ab- und durch eine gesonderte Leitung herangeführt wurde. Die auf den Fotos abgebildete Panhead ist mit einer kompletten Polizeiausrüstung ausgestattet, wie sie in diesen Jahren benutzt wurde. Das Motorrad wurde restauriert und gibt ein originalgetreues Bild dessen wieder, wie ein von Harley-Davidson geliefertes County-Sheriff-Motorrad ausgesehen hatte.

Zu dieser Zeit galten amerikanische Motorräder in den Staaten immer noch als „King of the Highway", und von den Polizeibehörden wurden immer noch Harleys geordert. Indian war nahezu von der Bildfläche verschwunden, nur das New York Police Department hatte noch einige Zeit Indians im Einsatz, da diese Einheit noch über enorme Vorräte an Ersatzteilen und Motorrädern verfügte. 1959, als die Indians langsam abgewirtschaftet hatten und der Ersatzteilvorrat erschöpft war, wurden die Harleys vom NYPD schrittweise eingeführt und eingesetzt.

Eine für den Einsatz bei der (Verkehrs-) Polizei bestimmte Harley verfügt über verschiedene Attribute, die einem normalen Motorrad fehlen. Eine besonders leistungsstarke Lichtmaschine sorgte für eine ausreichende Stromkapazität, die, bedingt durch Funksprechgerät und Polizeibeleuchtung, über dem Durchschnitt lag. Die Lichtmaschine wurde mittels Ventilator, dessen Schaufelrad am Ankerwellenende saß, zusätzlich gekühlt. Die Luft wurde durch einen Luftstutzen zum innenliegenden Ventilator geführt. Zündkerzenkabel und -stecker waren entstört, um einen reibungslosen Funkverkehr zu ermöglichen.

Die extra große „Polizei-Batterie" hatte solche Ausmaße, daß der Öltank an der Rahmen-Außenseite montiert werden mußte, wodurch der Original Horse-shoe-Tank wegfiel. Eine Erste-Hilfe-Box ist oben auf dem hinteren Schutzblech montiert. Links am Schutzblech befindet sich eine Kiste für die benötigten Formulare und rechts eine Halterung für das Funkgerät. In diesem Fall bestand das Radio aus einem einfachen Sende-Empfangsgerät, dessen Mikrophon an einer Halterung am Tank befestigt wurde. Die Sirene wurde über ein Laufrad am Hinterrad angetrieben und ließ sich durch einen Hackentritt auf ein kleines Pedal betätigen. Auf diese Weise wurde die Laufrolle gegen den Reifen gedrückt, und die Sirene erzeugte bei hoher Geschwindigkeit eine ganze Menge Lärm.

*Das Öl wurde über Kanäle in den Zylindern ab- und durch eine gesonderte Leitung herangeführt.*

In den Niederlanden gibt es noch eine relativ große Anzahl von solchen, mit Sirenen ausgestatteten Liberators und anderen Modellen, in Amerika jedoch ist dies streng verboten. Die übrige Ausstattung des Motorrads entsprach ungefähr der zivilen Ausführung. Beispiele hierfür sind der kleine Werkzeugkasten und die „Mousetrap" (Mausefalle), obwohl letztere an diesem Modell nicht original ist. Die Mousetrap ist ein Mechanismus, der dazu dienen sollte, den Übergang von der Fuß- zur Handkupplung zu ermöglichen. Diese Vorrichtung vergrößert den Wirkungsbereich des Handkupplungshebels, um zu gewährleisten, daß der Ausrückhebel am Getriebe genauso weit wie beim Betätigen der Fußkupplung

*Eine für den Polizeieinsatz bestimmte Harley ist u.a. mit einer besonders starken Lichtmaschine ausgerüstet.*

eingezogen wird, wodurch ein ausreichendes Freikommen der Kupplung erreicht wird.

Später hat man diese Vorrichtung wieder abgeschafft und gleichzeitig den Kupplungshebel gekürzt, um doch die richtigen Hebelwirkungen erzielen zu können. Da ein kurzer Kupplungshebel mehr Bedienungskraft als ein langer erfordert, wurden eben die Kupplungsfedern aus etwas leichterem Material hergestellt. Die Dosierung der Kupplung mit Hilfe der Mousetrap erfordert viel Fingerspitzengefühl, und die Einstellung dieses Mecha-

### Technische Daten

- Motor: luftgekühlter 45 Grad V-Twin, 50 PS bei 4800 U/min, Bohrung 3 7/16"/87,3 mm, Hub 3 31/32"/ 100,8 mm; Hubraum 1200 ccm
- Schmierung: Trockensumpf (trockenes Kurbelgehäuse, separater Öltank)
- Zündanlage: Batterie/Kontakte ohne automatische Frühzündung, Zündnachverstellung von Hand
- Vergaser 1 5/16"/33,3 mm Schebler
- Kraftübertragung: 4-Gang-Getriebe, handgeschaltet, Fußschaltung auf Wunsch

*Rechts ist eine Halterung für das Radio befestigt. In diesem Fall besteht dieses aus einem einfachen Sende-Empfangsgerät.*

nismus war ziemlich kompliziert, da auch eine starke, zur Konstruktion gehörige Feder zu justieren war, mit Hilfe derer die Bedienung erleichert werden sollte. Es sind sogenannte „Mousetrap eliminator kits" im Handel, die aus einem Kupplungsgriff, einem längeren Bowdenzug mit Befestigungsvorrichtung zur Montage zwischen Motorblock und Getriebe am Rahmenrohr und einem kürzeren Kupplungshebel bestehen. Durch Montage dieses Kits wird die Mousetrap überflüssig.

Richten wir unser Augenmerk noch auf die prachtvollen Tankembleme, die die Linienführung des Motorrads noch mehr unterstreichen. Sie sind aus solidem Stahlblech gestanzt und keine billige Kunststoffimitation. Diese Harley-Davidson aus dem Jahre 1952 ist ein gutes Beispiel eines soliden Motorrads, das einiges vertragen kann.

*Das prachtvolle Tankemblem ist aus solidem Stahlblech gestanzt.*

# YELLOWING YELLOW:
## *98 cubic inch Custom*

*Diese Custom Harley wurde von Woody Thompson aus Haw River, North California, gebaut.*

Es liegt in der Natur des Menschen, daß er, auf welche Weise auch immer, seine Spuren hinterläßt. Das Phänomen der Custom-Motorräder betrifft alle Arten von motorisierten Zweirädern, vom 50-ccm-Minimotorrad bis hin zu V8-PS-Monstern. Harley-Davidson jedoch setzt diesem Phänomen die Krone auf. „Individualisierung" ist wohl ein besserer Ausdruck für „Customizing", da eine Harley, die das Gewöhnliche weit hinter sich gelassen hat, die persönliche Vision ihres Erbauers mehr als dreidimensional und mit aller Kraft widerspiegelt.

Will man zurück zur Basis der Custom-Harley, fällt einem möglicherweise zuerst Marlon Brando in dem Film „The Wild One" ein (in dem dieser übrigens eine Triumph fuhr) oder Peter Fonda und Dennis Hopper auf ihren Choppern in „Easy Rider". Wer baute die erste Custom Harley? Niemand weiß es genau. Vielleicht ein Biker in Milwaukee, der seine Harley zum ersten Mal mit Zusatzscheinwerfern oder Lederfransen am Lenker ausrüstete. Seit dieser Zeit hat sich das Customizing zur vollen Blüte entfaltet. Es gibt heutzutage verschiedene Motorradspezialisten, die sich auf die Herstellung oft sehr teurer Custom-Harleys spezialisiert haben, in grellen Lacktönen gehalten und mit mehreren

S&S
SUPER

Chromschichten überzogen, bis hin zur Verwendung von Blattgold. Wieder andere „customizen" zu Hause liebevoll mit geringsten Mitteln am Bike ihrer Vorstellungen herum.

Diese Custom-Harley wurde von Woody Thompson aus Haw River, North Carolina, gebaut. „Haw" klingt so ähnlich wie „Hawg", ein Begriff, der oft für die Big Twin-Harleys verwendet wurde. Dies ist ein echter Big Twin, dessen Shovelhead 98 cubic inch-Motor die Pferdestärken auf Trab bringt. Obwohl es offiziell ein '66er ist, läßt sich dieser Motor nicht eindeutig einer Jahreszahl zuordnen. Der Besitzer hat die Einzelteile im Laufe der Zeit gesammelt und mit viel Geduld zusammengetragen. Der '65–'66er Rahmen, der z.B. von einer Tauschbörse stammt, bot schon kurz danach einer Big-Bore Sidewinder 1600 ccm Delcron-Zylinderkombination Aufnahme. Die Vordergabel wurde aus verschiedenen Teilen zusammengebaut, unter anderem aus standard 2-inch verlängerten Lowrider-Gabelstandrohren, während die Lackierarbeiten einschließlich dem serienmäßigen Super-Glide-Benzintank der Spritzkünstlerin Teresa Cran übertragen wurden, die das erhabene Goldgelb zustande gebracht hat. Sogar den Zylindern wurde diese ungewöhnliche Farbe

*Dies ist ein echter Big Twin, dessen Shovelhead 98 cubic inch-Motor die Pferdestärken auf Trab bringt.*

zuteil. Dennoch wäre der Name „mellow-yellow" sicherlich nicht angebracht, denn wenn man diese Harley anläßt, fühlt man deren geballte Gewalt bis in die Haarwurzeln hinein.

Rick Doss rüstete einige Details für den Dragracing-Einsatz um, weshalb auch viele speziell für den Renneinsatz konzipierte Custom-Teile verwendet wurden, wie beispielsweise Mackey-Zylinderköpfe, Sifton-Nockenwellen, S&S-Kolben, ein spezieller Dragster-Tacho und 40 inch Dragster-Auspuffrohre. Alles, was glänzt, stammt vom Glitzerkaiser von Kentucky, Browns Plating, dem wahrscheinlich berühmtesten Verchromungsspezialisten der Welt für Motorräder. Moderne Technik und Zuverlässigkeit garantiert eine elektronische Zündung, die für einen konstanten Zündfunken sorgt, während Avon und Dunlop alles in ihrer Macht Stehende getan haben, den Kontakt zur Straße zu optimieren. MGA-Bremsen bilden einen gelungenen Ausgleich zu den unglaublichen Beschleunigungsqualitäten dieses Dragracers.

Dieser Customer war bereits in Daytona Beach, Florida, während des alljährlich unter dem Namen Daytona Bike Week stattfindenden Motorradtreffens zu bewundern, auf dem sich buchstäblich Zehntausende Biker, zum größten Teil auf Harleys, zusammenfinden, der Sonne, des Spaßes und der Rennen wegen. Diese 98 cubic inch-Blitzschlag war einer der stärksten Publikumsmagneten dieses Happenings, wodurch wieder einmal mehr der Beweis geliefert wurde, daß nichts einen solch tiefen Eindruck hinterläßt wie die persönliche Interpretation einer Custom Harley.

**Technische Daten**

- Motor: luftgekühlter 45 Grad V-Twin, jede Menge PS, 1600 ccm
- Schmierung: Trockensumpfschmierung, gesonderter Öltank
- Zündanlage: Batteriezündung
- Vergaser: S&S Kraftübertragung: 4-Gang-Getriebe, fußgeschaltet

# WILLIE Gs ERSTE:
## *1971 Superglide*

*Die neue FX Super-Glide; eine Symbiose aus dem Big V-Twin-Power und der Sportster-Vordergabel.*

Den Zeitraum zwischen 1970 und 1980 bezeichnet man auch als die AMF-Jahre, genau die zehn Jahre nämlich, in denen sich das Unternehmen, früher einmal in Privatbesitz, in den Händen der American Machine and Foundry befand.

Traditionalisten unter den Harley-Liebhabern denken mit Freude an diese Jahre zurück. Das hängt möglicherweise mit dem „Bowlingkegel"-Entwurf von AMF zusammen, der dem Harley-Davidson-Tank ein neues „Ansehen" verleihen sollte. Es sah zwar danach aus, als ob die echten Harley-Fanatiker von einem großen Unternehmen einfach zur Seite geschoben würden, was jedoch vom Standpunkt jedes einzelnen abhängt. Es waren jedenfalls auch positive Entwicklungen festzustellen. So floß beispielsweise Geld in die Harley-Davidson Motor Company, um das diese äußerst verlegen war... Man nannte seinerzeit diese Finanzspritze „eine Quelle dauerhaften Wachstums und Fortschritts". Berücksichtigt man dabei auch die Tatsache, daß unter der Firmenhoheit der AMF 1972 der neue, aus Aluminiumlegierungen bestehende XR-750 Motor die Rennwelt im Sturmlauf eroberte – dabei links und rechts Rekorde brechend und die Konkurrenz weit hinter sich lassend –, könnte man sagen, daß die AMF-

SUPER GLIDE
UPPER LEVEL
LOWER LEVEL

HARLEY-DAVIDSON
AMF
FX

CAUTION
DO NOT CONNECT

Führung sich positiv auf die Entwicklung von Harley-Davidson ausgewirkt hat.

Mit aller Kraft stürzte man sich auf die Produktion des Hardcore Custom-Materials für den Touringmarkt. 1971 brachte Harley die neue FX Super-Glide heraus, eine Symbiose aus der Power des Big V-Twin und der Sportster-Vordergabel. Die Super-Glide stellte einen erneuten Meilenstein in der Harley-Davidson-Geschichte und für die Motorradwelt insgesamt dar. Die Super-Glide wurde von niemand geringerem als Willie G. Davidson entwickelt. Willie G., wie er genannt wurde, war der Sohn des ehemaligen Harley-Davidson-Direktors William „Bill" Davidson und Enkel des Gründers der Harley-Davidson-Company.

Die Super-Glide war Willie Gs erster Entwurf, eine Kreation, die langfristige Konsequenzen für das Unternehmen haben sollte, da dieses Modell das erste in der Reihe der sogenannten „Factory Customs" darstellte – eine Bezeichnung, die bei der Vorstellung der Maschine wie von selbst entstanden war. Außer daß Willie G. dem Motorradvokabular ein neues Wort hinzufügte, unterschied sich Willie Gs Big Twin in jeder Hinsicht von seinen Zeitgenossen – und wurde darüber hinaus zu einem enormen Erfolg.

Die Super-Glide war das Ergebnis ästhetischer Formgebung, ein echter Durchbruch. Eine schnelle Alu-Vordergabel der X-Serie Sportster, kombiniert mit dem massiv anmutenden Big Twin 74 cubic inch-Motor der F-Serie. Der immer noch zu findende „boat-tail"-Sattel war eine futuristische Erscheinung. Es gab Menschen, die ihn abgöttisch liebten, andere fanden den Sattel potthäßlich. Gleiches galt für die aus Rot, Weiß und Blau bestehende All-American-Farbkombination, die wahlweise erhältlich war. Dies sind jedoch nur unwesentliche Details, alles in allem war Willie Gs Super-Glide das richtige Motorrad zur richtigen Zeit.

Willie G. hatte die Zukunft des Motorrads erkannt. Während die meisten „Customizers" sich auf den Umbau von Sportstern konzentriert hatten, wurde ihre Aufmerksamkeit jetzt auf den neuen Shovelhead-Motor und den FL-Rahmen gelenkt. Hier boten sich bislang unbekannte Umbaumöglichkeiten an. Die Selbstbauer verlängerten die Vordergabeln ihrer Shovelheads auf alle möglichen Arten, und vor allem in Kalifornien galt die Devise: auffallen um jeden Preis. Da Harley-Davidson von der neuen Custombewegung auf Abstand gegangen war, sah die neue Shovelhead genau zur richtigen Zeit das Licht der Welt, geschaffen für einen vollkommen neuen Typus von Motorradfahrer, den Tourenfahrer.

Die neue Harley sah gut aus und ließ sich auch noch gut fahren. Das Anlassen per Kickstarter bot keine Probleme, die Kraftübertragung war phänomenal, und die Kupplung wurde in den Biker-Zeitschriften als ungefähr die beste der Welt gepriesen. Und als zusätzliches Bonbon konnte die Tatsache gelten, daß die Super-Glide ungefähr 30 kg leichter als die FL war, was bedeutete, daß sie nicht nur bei niedrigen Drehzahlen eine gute Leistung entfaltete, sondern auch dann aus dem Vollen schöpfte, wenn die Ampel auf Grün sprang und die anderen die Auspuffrohre der Super-Glide nur noch von hinten sehen konnten: das Beste aus zwei Welten also.

Willie Gs genialer Wurf zog eine neue Welle der Motorradbegeisterung nach sich und führte wieder zur Konstruktion von allerlei „Factory Custom"-Modellen: von der Low Rider über den Fab Bot bis zur Super-Glide II. Nun wird vielleicht deutlich, warum die Firma Harley-Davidson immer noch existiert, während ca. 100 andere amerikanische Motorradhersteller nur noch in den Geschichtsbüchern zu finden sind.

*Der massiv anmutende 74 cubic inch Big Twin-Motorblock der F-Serie einer FX Super-Glide.*

**Technische Daten**

- Motor: luftgekühlter 45 Grad V-Twin, 60 PS, 74 cubic inch Hubraum
- Schmierung: Trockenschmierung, separater Öltank
- Zündanlage: Batterie und Zündspule, Elektro- und Kickstarter
- Vergaser: Tillotson Unterdruckvergaser
- Kraftübertragung: 4-Gang-Getriebe, Fußschaltung

# ULTRA LONG:
## *eine revolutionäre '75 Sporty als Straßenausführung*

Einige experimentelle Custom-Entwürfe sehen am Zeichenbrett recht passabel aus und machen sich auch noch im Ausstellungsraum ganz gut. Wenn man jedoch darauf fahren muß, wird einem klar, daß alles, was der Entwicklung dieses Modells, auf dem man jetzt sitzt, vorausgegangen war, umsonst gewesen ist. Im Falle dieser revolutionären Supercharged-Sportster jedoch folgt die Form der Funktion in vorbildlicher Weise. Die Maschine ist

*Mal Ross hat 16 Stunden am Tag, 7 Tage in der Woche an 77 aufeinanderfolgenden Tagen an dieser revolutionären Sporty gearbeitet.*

immer wieder sowohl während der Daytona Bike Week als auch dem jährlichen Sturgis Harley-Treffen in Nord-Dakota zu bewundern.

Mal Ross vom Parts Bin Custom Shop in Spring Valley, New York, hat sich auf das Bauen von Motorrädern spezialisiert, die anders als andere sind. Er entwirft und konstruiert seine einzigartigen Kreationen in geringer Stückzahl (4-8 pro Jahr) mit viel Liebe fürs Detail. Für diese von Hand gefertigten Motorräder verwendet Mal Aluminium-Motorblöcke. Obwohl bereits acht „blower"-Motoren in seiner Werkstatt entstanden sind, ist diese exklusive Reise in die Seele des Motorenwesens etwas Besonderes. Mal behauptet hin und

wieder, daß dieses Bike einen weiteren Sargnagel in seinem Leben darstellt. Damit übertreibt er eigentlich noch nicht einmal, wenn man bedenkt, daß diese mehrfach prämierte Harley ihr Leben als ziemlich gewöhnliche 1975er Sportster begann. Der Tacho zeigte damals schon viele, von verschiedenen Vorbesitzern heruntergespulte Kilometer, bevor die Maschine Mal in die Hände fiel, der, inspiriert von der Komplexität der Konstruktion dieses Motorrads, sechzehn Stunden am Tag, sieben Tage in der Woche an siebenundsiebzig aufeinander folgenden Tagen an diesem Projekt arbeitete.

Obwohl der 1000-ccm-Sportster-Motor im Prinzip ein Standardmodell ist, wurde er zur Sicherheit einer besonderen Behandlung unterzogen: die Kurbelwelle wurde verschweißt, ausgeglüht und ausgewuchtet. Zur Erhöhung der Beschleunigung montierte Mal einen Magnuson Supercharger, der für 5 Pfund zusätzliches Drehmoment und mehr Leistung sorgte. Diese zusätzliche Leistung läßt sich über eine kleine Vakuumpumpe unter dem Einlaßstutzen und durch Veränderung der Zahnradübersetzung regulieren. Mal konstruierte nicht nur diese Zahnräder, sondern auch den Lenker, die Handgriffe, alle Aluminiumbügel, den Kettenschutz, den Kurbelwellen-Gehäusedeckel, die Fußrasten, die Brems- und Kupplungshebel, die vorderen Motorradständer, die Blowerbügel, den Sattel, die Auspuffführungen – eigentlich so ziemlich alles, was sich an dem Motorrad befand. „Nichts kommt so aus dem Laden, außer dem Frontscheinwerfer", sagt Mal.

Ein besonderes Kennzeichen ist außerdem die Kupplung der Custom, die von Barnett aus Materialien hergestellt wurde, die ursprünglich für den Betrieb als Trockenkupplung, also ohne Schmierung, gedacht waren (die Sportster war jedoch so konstruiert, um mit Schmierung, also naß zu laufen). Das Standardgetriebe von Harley-Davidson besitzt High performance Andrews-Gangstufen. Es gibt so viel zu sehen an diesem Bike, daß einem manche Details entgehen. Zum Beispiel: Unter der dreistufigen Ness Ceriani-Teleskopgabel und den Harley-Davidson-Standrohren sind sehr geschmackvolle Campagnolo Bremszangen montiert, die ursprünglich das Vorderrad einer 1965er MV Augusta Roadracer zierten.

Der 1990 aufgebaute Rahmen wurde von Jody Zero konstruiert, der den Lenkkopf um 20 cm nach vorne versetzte und den Winkel um nicht weniger als 55 Grad veränderte. Jody lieferte auch die handgearbeiteten Benzin- und Öltanks. Schlanke Gußformen und eine weinrote Farbe waren die kosmetischen Zugaben, für die Dave Perewitz (Brockton, MA) verantwortlich zeichnete. Durch immense Anstrengung gelang es ihm in noch nicht einmal 21 Tagen Zeit während des Marathons von Mal, diese Arbeit fertigzustellen. Obwohl das Motorrad hellglänzend aussieht, wurde im Prinzip nur wenig Chrom verwendet; die meisten Teile sind aus poliertem Aluminium, nur die Zylinder wurden verchromt.

Diese Maschine hat einen Radstand von 80 inch. Das revolutionäre Outfit ist dem Bedürfnis Mals entwachsen, jedes Jahr ein ganz besonderes Bike für die Daytona Speed Week zu bauen, in diesem Fall also für die Daytona '90. Und wie man sieht, haben sich die ganzen Anstrengungen wohl gelohnt, denn die Harley gewann den ersten Preis in der Harley Show und wurde auch bei der Rat's Hole Show mit dem ersten Preis ausgezeichnet. Mehr gibt es eigentlich nicht mehr zu holen – oder muß noch erwähnt werden, daß die Sporty auch noch gleich zwei erste Preise auf der Sturgis Bike Show hereinfuhr, wo die Konkurrenz wirklich fürchterlich ist?

Wir reden hier von einem Abenteuer, einem Wagnis auf dem Gebiet revolutionären Designs, das seine Früchte getragen hat.

### Technische Daten

- Motor: luftgekühlter 45 Grad V-Twin mit 1000 ccm, PS nicht bekannt, Standard-Bohrung und -Hub (3 13/16 x 3/16 inches)
- Schmierung: Trockensumpfschmierung
- Zündanlage: Custom single Point
- Vergaser: Magnuson blower mit S&S
- Kraftübertragung: Harley-Davidson-4-Gang-Getriebe, Fußschaltung

*Die Sportster 1991: ein beachtlicher Unterschied.*

# THE WILD ONE:
## *1989 Heritage Custom*

Auf dem Nummernschild steht tatsächlich: „M Brando". Nein, sie gehört nicht Marlon, sondern Tony Balejos aus Los Angeles. Er konnte sich gut mit der Idee anfreunden, einen neuen Evolution Big Twin zu einer Tourenmaschine aus den 50er Jahren aufzubauen, einer Zeit, als Brando als Schauspieler eine riesige Popularität genoß und die großen

*Tony Balejos hat einen neuen Evolution Big Twin zu einem Tourer aus den 50er Jahren umgebaut: die 1989er Heritage Custom.*

Whitewall-tired Harleys die Straßen beherrschten.

Ein nach eigenem Wunsch gestaltetes Nummernschild nennt man auch „vanity plate", eine sehr beliebte Sache in Kalifornien und anderen amerikanischen Staaten, wo die örtlichen Behörden diese Initiative unterstützen, verdienen sie doch eine Menge Geld an der Eitelkeit von Motorrad- und Autofahrern, die etwas Besonderes über sich selbst oder ihr Fahrzeug aussagen wollen.

Wenn es ein Transportmittel gibt, das einen

HARLEY-DAVIDSON
Heritage Softail

AUG CA 91
M BRANDO

Anspruch auf ein solch ausgefallenes Kennzeichen erheben kann, dann diese L.A.-Style Custom '89 Heritage. Wenn man 20 000 Dollar für das Customizen eines Motorrads übrig hat, bleibt sicherlich noch etwas Geld übrig, um einen originellen Namen wie „The Wild One" als Zeichen nostalgischen Feelings und/oder eine Form der Verehrung zu führen.

Bei H-D-Enthusiasten ist es ein beliebter Zeitvertreib, sich eine neue oder moderne Evolution-Harley vorzunehmen und diese mit veredelten Teilen aufzuwerten. Dadurch wird eine Symbiose aus Zuverlässigkeit und Vorzügen neuerer Harley-Technologie und dem Charme und der Eleganz der Bikes vergangener Tage hergestellt. In unserem Fall stammte der Entwurf von dem Besitzer selbst und nicht aus einer der vielen Harley-Boutiquen, die die vielen Hollywood-Stars und Sternchen mit einer Harley ausrüsten.

*Die Montage anderer Nockenwellen (Hypocam-kit), verstärkter Kolbenringe und verstärkter Stoßstangen erhöhte die Leistungsabgabe dieser Heritage Custom.*

Weil der Lack das erste ist, was jemandem an einem Motorrad auffällt, steckt in diesem visuellen Bereich das größte Potential an Ausdruckskraft. Farben werden deshalb nicht einfach so ausgesucht und Lackierer nicht einfach so mit dem Spritzen beauftragt. Und was heißt hier Lackierer! Regelrechte Künstler sind es, von denen manche 5000 Dollar für einen besonderen Job verlangen. In diesem Fall setzte Damon's Paint aus Anneheim die rotweiße Lackierung mit einem modischen Mintpinstriping voneinander ab. In Damon's shop findet man technisch perfekte Spritzkabinen und Trockenlampen innerhalb einer Skala umweltschützender Maßnahmen. Es gibt keinen Besseren auf dem Gebiet der Motorradlackierung. Das Streben nach Perfektion dieser Spezialisten ist so extrem, daß, falls irgendwo eine einzige, winzig kleine Luftblase oder ein noch so verschwindend kleiner Kratzer entdeckt wird, der ganze Tank oder das Schutzblech komplett neu lackiert wird, solange, bis das gewünschte Resultat erreicht ist. Es ist

dieses Niveau von Professionalität und Sorgfalt, das alle Menschen, die mit Harleys zu tun haben, miteinander verbindet.

Damon hat die aus den 50er Jahren stammenden Farben bis ins kleinste Detail genau auf Tonys neoklassischer Harley wiedergegeben. Das Vergangene und die Gegenwart wurden so auf künstlerische Weise miteinander in Verbindung gebracht, genau so, wie es dem Besitzer vorschwebte. Auch der Sattel, ein neu gepolsterter Standardsattel, mit Einsätzen, Noppen, Conchos und Lederfransen aufgewertet, erinnert an die goldenen Tage von einst, als Harleys noch luxuriösen Windjammern zu Lande glichen, die in allen Windrichtungen durch die Welt kreuzten. Diese Zeiten sind, dank Harley-Fahrern wie

*Im Glanz des schönen Äußeren sind Gestern und Heute in künstlerischer Weise vereinigt.*

Tony und Lackierern wie Damon, zu Recht wieder zurückgekehrt.

Es ist nur das Äußere, was an dieser Maschine so glänzt. Als Tony darüber nachdachte, was sich in mechanischer Hinsicht noch modifizieren ließe, entschied er sich für einige leistungssteigernde Maßnahmen im Inneren des 80 cubic inch Evo-Motor. Los Angeles Harley-Davidson steigerte die Leistungsabgabe durch die Montage anderer Nockenwellen (Hypo-Cam-Kit), verstärkter Kolbenringe und verstärkter Stoßstangen, während ein Screamin' Eagle-Vergaser und Paughco-Fishtail-Auspuffrohre dem Benzin- und Luftverbrauch beistanden. Und das „M Brando"-Kennzeichen... Wir glauben nicht, daß Marlon etwas dagegen hätte.

**Technische Daten**

- Motor: luftgekühlter 1989er Evolution 45 Grad V-Twin, 80 cubic inch (1340 ccm), circa 65 PS
- Schmierung: Trockensumpfschmierung, separater Öltank
- Zündanlage: Batterie und Lichtmaschine
- Vergaser: Magnuson Blower
- Kraftübertragung: H-D-5-Gang-Getriebe, Fußschaltung

# MINNESOTA MINDBENDER:
## *1989 FLSTC Heritage Custom*

*Diese sportliche FLSTC Heritage Custom ist Eigentum von Kevin Olson, der einmal etwas anderes als seine schwarze Harley wollte.*

Der Name Bartels in Los Angeles steht auf der Liste der Harley-Davidson-Händler und Custombauer ganz oben, und außerdem will es dem Chef d eses Unternehmens so ab und an auch noch gelingen, im Bereich des Motorrad-Rennsports ganz ordentliche Erfolge einzufahren. Die Werkstatt ist in Culver City zu Hause, einem Außendistrikt des langgestreckten Los Angeles. Der Betrieb beliefert alle Bevölkerungsschichten, unter anderem auch eine große Zahl von Berühmtheiten, Filmstars, Fernsehpersönlichkeiten und Popstars. Viele von ihnen sind seit kurzem von der Mystik gefangen, die eine Harley ausstrahlt. Sie müssen unbedingt eine Harley besitzen, um durch das schicke Beverly Hills zu gleiten, auf dem avantgardistischen Melrose Boulevard entlangzuschlendern oder in kleinen Gruppen an einem warmen Sonntagmorgen zum Brunch bei Spago zu touren.

Vielleicht löste Bartels diese neue Welle begeisterter Harley-Fahrer in und um Los Angeles aus. Es versteht sich von selbst, daß viel Geld in diese Hollywood-Harleys gesteckt wurde, da deren Besitzer in einer Stadt, in der Image zum Zweck und Mittel geworden ist,

Harley
Euro Glide

Harley

mehr als imagebewußt sind. Manche nennen es sportlich oder kitschig oder sogar nicht von dieser Welt. In jedem Fall tauchten allmählich kleine Horden von in grellen Farben gespritzten, mit allen möglichen Custom-Zubehörteilen ausgerüsteten Harleys auf, deren Besitzer versuchten, entweder einander nachzuahmen oder sich gegenseitig den Rang abzulaufen. Das Ergebnis war, daß überaus schöne Harley-Exemplare die Straßen von Los Angeles zu erobern begannen und daß die Ferraris und

*Die FLSTC Heritage Custom ist mit besonderem graphischem Pinstriping verziert.*

Lamborghinis ins Abseits gerieten. Um noch dazuzugehören, mußte man mindestens einen Big Twin besitzen.

Das hier abgebildete sportliche Bike ist Eigentum von Kevin Olson, der in einer weniger heißen und modebewußten Gegend als Los Angeles wohnt: in Minneapolis, Minnesota. Nun ist Minnesota als einer der malerischsten Staaten der USA bekannt, mit seinen 15 000 Seen und herrlichen Waldgebieten. Und Kevin wußte, daß es die Motorräder, die er bei Bartels gesehen hatte, sehr wohl in großer Zahl in L.A. gab, sie in seinem Heimatort jedoch eine Rarität darstellten. Während eines Kalifornien-Besuchs schaute er sich in Bartel's Laden um und war beeindruckt von dem, was er dort alles sah – so sehr sogar, daß er eine solche Harley auch besitzen wollte. So eine grelle, schrille Harley würde in der Gegend,

wo er wohnte, sicherlich für die nötige Bestürzung sorgen, aber da er schon jahrelang auf einer schwarzen Harley gesessen hatte, fand er es nun an der Zeit, etwas an seinem Image zu verändern.

Wieder zurück in Minneapolis, fing Kevin mit der Formgebung seiner L.A.-Cruiser an. Dabei griff er auf die Fähigkeiten der örtlichen Monteure und Lackierer zurück, die ebenso talentiert waren wie ihre künstlerischen Kollegen aus Kalifornien, aber ein gutes Stück preisgünstiger. Kevin wollte jedoch ganz bestimmt kein „Show-Bike", das man auf dem Hollywood Boulevard abstellt, um vom gegenüberliegenden Restaurant aus beobachten zu können, wie sich eine neugierige Menschenmenge um das Motorrad versammelt. Neben all dieser Pracht und dem Glanz wünschte er sich unverfälschte Power. Also mußte er dafür sorgen, daß sich unter dem hell strahlenden Samtviolett und dem Lavendel ein 1989er Evolution-Motor unvorstellbarer Kraft versteckte. Der Spitzenmonteur Lee

*Dem Sattel gebührt durch geschmackvoll angebrachte Noppen und Lederfransen besondere Aufmerksamkeit.*

Wickstrom war für eine Menge leistungserhöhender Verbesserungen verantwortlich. Er montierte eine Nockenwelle für härtere Ventilfedern und mehr Ventilhub, zwei Zündkerzen pro Zylinder, polierte Zylinderköpfe, Kipphebel mit Nadellagerung und eine Zündung für eine schnellere Verbrennung.

Die kosmetischen Veränderungen beschränkten sich, neben der Spezial-Malerei, einzig auf die Brown's Plating Chromarbeiten an den Lifter Blocks und dem Primärdeckel. Dem Sattel wurde besondere Aufmerksamkeit gewidmet: Jeff Cryer verzierte das gute Stück mit geschmackvollen Noppen und Lederfransen. Falls der Eindruck entsteht, daß die Paughco-Auspuffrohre tiefer als gebräuchlich montiert sind, dann täuscht dieser nicht. Diese Tatsache ist einem Whit Bros lowering kit zu danken. Als Ergänzung zur phantastischen Lackarbeit von Kevin Winter wurde von Lenni Schwartz Blattgold und ein besonderes graphisches Pinstriping angebracht.

Es ist besser, ein großer Fisch in einem kleinen Teich zu sein, als eine sportliche Harley in einem Meer von Hollywood-Harleys. Diese Custom-Softail steht in Minnesota im Blickpunkt, was wieder einmal mehr beweist, daß L.A. kein Exklusivrecht auf die neue Harley-Customs-Welle besitzt.

**Technische Daten**

- Motor: luftgekühlter 45 Grad V-Twin, 80 cubic inch, ca. 75 PS
- Schmierung: Trockensumpfschmierung, separater Öltank
- Vergaser: Screamin' Eagle
- Kraftübertragung: 5-Gang-Getriebe, Fußschaltung

# EAST MEETS WEST:
## *Robocop Harley Roadracer*

Dieser Roadracer ist, im südkalifornischen Jargon ausgedrückt, ein Hyperbike – sowohl ein futuristisches Motorrad, auf dem Robocop in Los Angeles patrouillieren könnte, als auch ein Verbindungsglied zu dem am längsten existierenden Hersteller amerikanischer Motorräder. Eine einzigartige Harley-Davidson mit schnellem und futuristischem Design und aus einem ganz anderen Holz geschnitzt, als die legendären KR und XR-Racers, die diesem

*Der Robocop Harley Roadracer – eine einzigartige Harley-Davidson mit schnellem und futuristischem Design.*

Roadracer vorangingen. Und diese Harley könnte vielleicht einmal eine Menge Preise einfahren und die Konkurrenz in dem Bestreben, ein Rennmotorrad von Weltklasse in der Tradition früherer Harley-Champions zu werden, auf die hinteren Ränge verweisen.

Ganz bestimmt ist das Motorrad eine ungebräuchliche Konstruktion, sowohl in bezug auf die Materialien als auch hinsichtlich des Ursprungs. „Die Maschine ist so neu und geheim, daß wir sogar noch nicht einmal einen Namen für dieses Projekt haben", erklären Roger Kallins und Arnie Freeman von XRV Performance Products in Los Angeles, Co-Partner einer Ost-West-Kooperation. XRV ist mit Motorcycle Oasis, ihrem überseeischen Händler

XRV
HARLEY-DAVIDSON
MOTOR CYCLES
DUNLOP

XRV
HARLEY-DAVIDSON

im japanischen Osaka, wo der einzigartige Rennrahmen entworfen und gebaut wurde, zwecks Entwicklung dieser einmaligen Rennmaschine eine Zusammenarbeit eingegangen. Roger und Arnie, die Konstrukteure von „doppeltes Vergnügen, doppelte Leistung"-Harleys, sind für das Tuning des Evo-Sportster-Motors verantwortlich, um ihm die zusätzlichen Pferdestärken zu entlocken, die für das Kräftemessen mit den Boliden von Ducati, Moto Guzzi und vergleichbaren europäischen Rennmaschinen nötig sind.

*Dieses kompromißlose Rennbike besteht aus Aluminium, Titan und Magnesium.*

Dem auf einer 1200 ccm Sportster basierenden Motor spendierte man eine speziell konstruierte Kurbelwelle, mit der Drehzahlen bis zu 8500 U/min erreicht werden können und die bei der Suche nach zusätzlicher Leistung eine Schlüsselrolle spielt. Das Ziel von Roger und Arnie ist es, eine zuverlässige maximale Drehzahl von 8000 U/min zu realisieren. Der Motor wird im Zusammenhang mit

*Der Rahmen ist durch das glänzend polierte Aluminium in einer honigwabenähnlichen Struktur ein technisches Meisterwerk und ein Augenschmaus.*

der Entwicklung eines neuen Zylinderkopfes auf dem Leistungsprüfstand der legendären Zylinderkopfspezialisten C.R. Axtell regelmäßig auf Herz und Nieren geprüft. Der neue Zylinderkopf wird wahrscheinlich zwei Ventile besitzen, es könnte jedoch auch ein 4-Ventilkopf von Rivera Engineering werden. Axtel hat den XRV-Motor bereits mit einer einzigartigen, sehr heißen Nockenwelle ausgerüstet, ausschließlich für feststehende Stoßstangen ausgelegt.

Der Rahmen dieses East/West-Racers stellt aufgrund des glänzenden, in einer Art Honigwabenstruktur gehaltenen, polierten Aluminiums ein wunderschönes technisches Meisterwerk dar. Das handgefertigte Stück wurde aus großen Aluminiumteilen gefräst und in der Folge aus ovalem Aluminiumrohr mit Innenprofil zusammengefügt. Einige Teile bestehen aus handgeformten Stahlblechelementen, die zu – normalerweise gegossenen – Rahmenteilen zusammengeschweißt wurden. Mit dieser Maßnahme soll das Entstehen von Materialporosität verhindert werden, wie es bei Gußteilen hin und wieder der Fall ist. Aus diesem Grund wurden die übrigen Teile aus massivem Aluminium der Qualität T6 gefertigt. Teuer? Das kann man wohl sagen: Allein die Kosten für den Rahmen werden auf 20 000 Dollar geschätzt.

Bedenkt man nun, daß dieses kompromißlose Rennbike aus Aluminium, Titan und Magnesium besteht, wird klar, daß dafür wohl eine gigantische Summe Yen investiert werden mußte. Die Dymag-Räder bestehen aus Magnesium, die meisten andere Teile wie Fußrasten, Schrauben und Achsen aus Titan. Die übrigen Fahrwerkselemente sind in federleichtem, superstabilem Kohlefaserstoff ausgeführt. Vollgetankt wiegt das Motorrad nur 145 kg – viel leichter als ein japanisches Rennbike der Halbliterklasse. Die voraussichtliche Leistungsabgabe von 120 PS am Hinterrad wird dem Bike in der endgültigen Rennversion einen wichtigen Vorsprung im Leistungsgewicht verschaffen.

Bei ersten Tests und Einsätzen in den Staaten wurde die Super-Harley von Doug Toland gefahren, in Japan übernahm bei internationalen Rennen Herr Aoki die Zügel. Da der Rahmen nicht aus der Standardproduktion stammt, darf das Motorrad nicht in der Produktionsklasse eingesetzt werden, sondern muß seine Kräfte in den Pro Twins GP und höchstwahrscheinlich der Classified Formula One mit anderen messen.

Dies ist eine Harley, die in einer einzigen Rekordrunde den Graben zwischen Ost und West überbrücken könnte.

**Technische Daten**

- Motor: luftgekühlter 45 Grad V-Twin, 1200 ccm Hubraum, 98 PS bei 6400 U/min
- Schmierung: Trockensumpfschmierung, separater Öltank
- Zündanlage: C.D.I.
- Vergaser: 40 mm Mikuni
- Kraftübertragung: Harley-Davidson-4-Gang-Getriebe

# NEW/OLD SPRINGER

*In diesem Bike kommen die besten Zutaten aus zwei Epochen zusammen: der alte Stil und die Vorzüge moderner Technik.*

Obwohl Harley-Davidson seit 1949 die Springer-Vordergabel nicht mehr bei den Big Twins einbaut, verschwand diese dennoch nicht ganz aus dem Blickfeld. Bei den Händlern lagen noch eine Menge Springergabeln herum, zusammen mit vielen anderen übriggebliebenen Ersatzteilen, langsam unter einer Staubschicht verschwindend. In den 50er Jahren wurde die Motorradszene von vielen Veränderungen gekennzeichnet und auch negativ beeinflußt, wie z.B. durch Filme wie „The Wild One" mit Marlon Brando und die Tatsache, daß viele Fahrer ihre Motorräder strippten (choppten), um sie schneller und leichter zu machen. Durch das Choppen entstand eine Nachfrage nach Austauschteilen, die wiederum die Entwicklung einer After-Market-Industrie vorantrieb.

Als sich die Unternehmen auf diese Entwicklung eingestellt hatten, wurden gegen Ende der 60er Jahre Springers in allerlei Längen und Ausführungen und manchmal mäßiger Qualität auf den Markt gebracht. Da manche dieser Gabeln bestimmt einen halben Meter lang waren, wurde die Straßenlage stark beeinflußt, und zwar meistens in negati-

HARLEY DAVI

HARLEY DAVIDSON

vem Sinn. Aber Chopper waren nun einmal für den Biker Anfang der 70er Jahre ein Muß. Durch die Nachfrage nach Zubehörteilen entstanden viele der heutigen After-Market-Lieferanten, wie z.B. Drag Specialties, Custom Chrome Inc. (CCI), Paughoco usw.

Motoren und Getriebe wurden noch in den alten Fabrikationshallen produziert, wodurch sich Harley-Davidson den Platz und die Möglichkeit zur Produktionssteigerung schaffte. Es dauerte einige Jahre, bis die ganze Mühe erste Erfolge zeigte. H-Ds erwiesen sich für jüngere Motorradfahrer als wenig attraktiv. Wer Anfang der 70er Jahre eine Harley-Davidson kaufte, hatte sich meistens schon längere Zeit dieser Marke verschrieben. Aber aufgrund stilistischer Veränderungen, die auf das Konto von Willie G. Davidson und dem leider meist unerwähnten Konstruktionsteam gingen, stiegen die Verkaufszahlen langsam wieder an. 1981 war Harley-Davidson stark genug, sich freizukaufen. Die Produktion war nun von 14 000 Einheiten 1969 auf 50 000 im Jahre 1980 angewachsen.

*Die New/Old-Springer mit ihrem sehr zuverlässigen, wartungsarmen Evolution-Motor.*

Die heutige Springer verfügt über eine Messer-Gabel-Verbindung zwischen Standrohren und Kurzschwinge, so daß sich die Gabelrohre unter Last nicht verbiegen können. Die Lager sind mit Teflonbuchsen ausgekleidet und verstellbar. Die Springer-Gabel bietet gegenüber der Teleskopgabel den Vorteil, daß sie als Folge der geringeren Reibung, wegen dem Fehlen der Simmerringe und der Tauchrohre weniger Losbrechmoment hat, ein Phänomen, das vor allem beim Bremsen fühlbar ist.

Im Juni 89 brachte Harley-Davidson die neue Springer erst in einer begrenzten Auflage von 1500 Stück auf den Markt – und sie waren vor dem Jahresende alle ausverkauft.

Dies war wohl ein sehr deutliches Signal der Käufer an H-D, weshalb das Unternehmen

## Technische Daten

- Baujahr: 1990
- (Re-) Konstrukteur: Kennedy's Custom Harley Davidsons
- Rahmen: Standard Softail, tiefgelegt
- Lackierung: Pat Kennedy
- Chrom: Quality Polishing
- Bauzeit: 2 Monate
  Wert: 20.000 Dollar
- Motor Baujahr: 1990
- Typ: Evolution
- Hubraum: 80 cubic inches/1340 ccm
- Motorgehäuse: Harley-Davidson
- Stößel: Mit hydraulischen Tappets
- Nockenwelle: Andrews EV3
- Ventile: Black Diamond
- Vergaser: Harley-Davidson-Gleichdruckvergaser
- Luftfilter: gespritzt, Harley-Davidson
- Auspuffanlage: 2 in 1
- Zündanlage: Dyna
- Schmiersystem: Standard
- Getriebe: Typ: Standard-5-Gang-Getriebe
- Kettenräder: Standard
- Beltpulley's: Standard
- Vordergabel: Typ: Frühe Harley-Davidson-Springer mit Scheibenbremse
- Gabellänge: Standard
- Hersteller: Harley-Davidson, von Kennedy's modifiziert
- Lenkkopfwinkel: Standard
- Vorderbremse: Performance Machine
- Rückbremse: Standard Harley-Davidson
- Vorderradnabe: Standard HD
- Hinterradnabe: Standard HD
- Vorderreifen: Dunlop
- Hinterreifen: Dunlop
- Zubehör: Frontscheinwerfer, frühe Springer
- Rücklicht: Tombstone
- Armaturentafel: Panhead-Stil
- Öltank: Standard
- Sattel: Corbin
- Lenker: Eigenbau
- Vord. Schutzblech: CCI-frühe Springer
- Trittbretter: frühe Harley-Davidson
- Hint. Schutzblech: Fat Boy, angepaßt.

auch entsprechend reagierte und dieses Gabelmodell als bleibendes Zubehör in sein Lieferprogramm aufnahm. Harley-Davidson investierte nun viel Zeit und Energie in die Frage, was die Kunden eigentlich wollten. Deshalb sieht die Softail Springer genauso aus, wie viele Chopper seinerzeit, mit einem 21-Zoll-Vorderrad und einem Hochlenker.

Und das ist das Ergebnis: Dieses Motorrad ist mit den besten Zutaten aus zwei Epochen ausgerüstet, in ihm vereinigt sich alter Stil mit den Vorzügen moderner Technik wie Elektrostarter, 5-Gang-Getriebe, moderne Scheibenbremsen, unauffällig gefederter Softail-Rahmen und natürlich der sehr zuverlässige und wartungsarme Evolution-Motor. Der Kunststoff-Zahnriemen, sauber unter der echt

*In der Softail-Springer tun ein 21"-Vorderrad und ein Hochlenker Dienst.*

ledernen Noppentasche verborgen, sorgt dafür, daß auch das Motorradheck keinerlei Wartung bedarf und der wunderschöne Lack keine Fettspritzer abbekommt.

Dieses Bike war ursprünglich eine FXSTS, eine Original 89er Softail Springer. Diese wurde, wie unschwer zu erkennen ist, einigen durchgreifenden Veränderungen unterzogen, um einen Classic-Look zu erhalten. Die Armaturentafel wurde durch eine Ausführung mit drei Lämpchen von CCI ersetzt, die Entscheidung für den einem Original-V-Twin-Lenker gleichenden Lenker trägt viel zum nostalgischen Look der Maschine bei. Rücklicht, Hupe, Frontscheinwerfer, Schutzblechlämpchen und Auspuffrohre stammen ebenfalls von CCI. Der Sattel ist Standard. Die wunderschöne Lackierung und die Original-H-D-Taschen unterstreichen das klassische Äußere, das „tombstone"- (Grabstein) Rücklicht war u.a. bei der Knucklehead und einigen Panheads Serie. Die betagt aussehenden Auspuffrohre und die Gepäcktaschen lassen oft die Frage nach dem wirklichen Alter der Maschine aufkommen. Die Farben der Springer sind Weiß, Grau und Burgund mit Streifen, der gesamte Aufbau der Harley wurde von Kennedy's Custom Cycle in Oceanside, Kalifornien/USA, realisiert. Man kann deutlich sehen, daß dieser Spezialbetrieb bereits mehrere solcher Projekte durchgeführt hat.

# STEALTH BIKE

Der Besitzer dieser Kreation wollte ein Motorrad, das in Design und Leistung zu seinem Fahrstil paßte. Deshalb erteilte er Burchinal Performance in Anaheim, Kalifornien, den Auftrag, für ihn ein solches Bike zu bauen.

Dem Konstrukteur wurde ein Budget und ein zeitlicher Rahmen vorgegeben, woran er sich streng zu halten hatte. Das Motorrad wurde tatsächlich rechtzeitig fertiggestellt, und das Budget ist strikt eingehalten worden.

*Eine Heritage Softail von 1987 wurde zu diesem prachtvollen Stealth Bike umgebaut.*

Man fängt mit einer Heritage Softail von 1987 an, die sehr gründlich verändert wird. Praktisch alles wird schwarz gespritzt oder verchromt, je nachdem, was besser aussieht. Die entsprechenden Teile werden durch Custom-Parts ersetzt.

Der Motor wird vollständig überarbeitet. Zuerst erhält er einen S&S Strokerkit, bestehend aus einer feingewuchteten Kurbelwelle mit einem größeren Hub von 4-5/8" (inch)/117,5 mm und zugehörigen S&S-Kolben. Der Hubraum liegt bei cirka 90 cubic inch/1476 ccm, und die Kompression stieg von den serienmäßigen 8.5:1 auf 9.25:1.

Von S&S stammt übrigens auch die Vergaseranlage, bestehend aus dem unverwüstlichen 1-7/8" Super B. Die Original-Zündanlage

Harley-Davidson

Harley-Davidson

wurde durch Kontakte unter Verwendung einer Dyna-Zündspule ersetzt. Dies bietet den Vorteil, daß die Drehzahl nicht mehr wie bei der Original-Elektronikzündung begrenzt und der Zündzeitpunkt zwecks Leistungsdrosselung bei 5200 Touren verlassen wird. Nachteil ist, daß die Kontakte und die Gewichte der Zündvorverstellung einen ziemlich hohen Wartungsaufwand erfordern.

*Die Vordergabel wurde mit Burchinals-Gabelbrücken für den Ultimate Customlook versehen, mit um 2" verlängerten Tauchrohren.*

Die Zylinderköpfe wurden von Burchinal selbst mit den eigenen firmenspezifischen Modifikationen versehen. Es kam eine Andrews-Nockenwelle in Kombination mit den Standard-Hydrauliktappets zum Einsatz. Die Entscheidung fiel deshalb auf diese Nockenwelle, weil sie gut mit den Phyton-Auspuffrohren von Drag-Specialities harmonierte.

Das Auspuffsystem liefert aufgrund der in den Krümmer eingebauten „Reversion tubes" vor allem bei geringen Drehzahlen gute Leistungswerte. Diese Rohre verhindern eine durch zurückströmende Auspuffgase verursachte, schlechte Zylinderfüllung.

Auf dem Foto ist die Verdickung in den Krümmern deutlich zu sehen. Alle Bügel, überflüssige Streifen, überstehende Teile und anderes unnötiges Beiwerk am Rahmen wurde abgeschliffen, um der Maschine auf diese Weise ein möglichst gradliniges und schnörkelloses Design zu verleihen. Die Vordergabel wurde mit Burchinals Gabelbrücken für den Ultimate-Customlook ausgestattet, mit um 2" verlängerten Standrohren. Die Gleitrohre wurden abgedreht, um ihnen ein schlankeres Aussehen zu verleihen und um die Original-Bremszangenanschlüsse entfernen zu können. Als Vorderbremssättel wurden kleine, schlanke 2-Kolben-Bremszangen von Performance Machine verwendet, damit trotz der bescheidenen Abmessungen eine sehr gute Bremsverzögerung erreicht werden kann.

*Alles überflüssige Beiwerk am Rahmen wurde abgeschliffen, um ein möglichst gradliniges und schnörkelloses äußeres Erscheinungsbild zu erhalten.*

Performance-Artikel sieht man, trotz des hohen Preises, immer öfter an Harley-Davidsons. Die Qualität dieser Produkte und ihr Beitrag zur äußeren Aufwertung des Designs sind aber auch bemerkenswert. Bremssättel, Bremszylinder, Befestigungen u.ä. bestehen aus massivem Aluminium und sind hochglanzpoliert und/oder mit einer anodischen Schutzschicht überzogen.

Praktisch für jedes Harley-Davidson-Modell gibt es Befestigungsbügel für die schönen Bremssättel aus Leichtmetall, wobei man zwischen zwei oder vier Kolben pro Sattel wählen kann.

Vor allem die Kombination mit doppeltem 4-Kolben-Bremssattel und schwimmend gelagerten Scheiben bringt eine enorme Bremsverzögerung. Es werden natürlich auch die zugehörigen Hauptbremszylinder in verschiedenen Ausführungen für sowohl Hand- als auch Fußbremsen geliefert.

Die Hauptbremszylinder sind in zwei Abmessungen erhältlich, mit einem 5/8"- und einem 3/4"-Kolben, je nachdem, ob man mit doppelter oder einfacher Bremsscheibe fährt und ob man Performance Machine-Hauptbremszylinder in Kombination mit den Original-Harley-Davidson-Bremssätteln verwendet. Die Durchmesser der Kolben des Bremszylinders und des Bremssattels müssen nämlich in einem bestimmten Verhältnis zueinander stehen.

Stimmt dieses Verhältnis nicht, kann es passieren, daß trotz heftiger, mittels Hand- oder Fußbremse ausgelöster Bremsaktivitäten nichts passiert, was schon mal demjenigen passieren kann, der einen einfachen dreieckigen Brembo-Bremssattel zusammen mit dem Original-Harley-Davidson-Hauptbremszylinder verwendet.

Forward Controls von Performance Machine sind ebenfalls immer öfter zu sehen. Das 21"-Vorderrad hat Doppelspeichen, eine Freude beim Putzen. Die Reifen stammen sowohl vorne als auch hinten von Avon, im Hinterrad blinken natürlich ebenfalls 80 Speichen. Der Besitzer kann sich glücklich schätzen, daß Harley-Davidson vor ein paar Jahren die traditionelle Kette durch den Riemenantrieb ersetzt hat.

Die Aluminium-Forward Controls stammen in diesem Fall, ebenso wie die am Lenker befestigten Hauptbremszylinder, von Jay Brake. Forward Controls sind Ersatz-Fußrasten mit Brems- und Schalthebel, die auf der Höhe der vorderen Motorbefestigung montiert werden, wodurch eine entspannte Sitzhaltung ermöglicht wird.

Jay Brake-Produkte wie Bremssättel, Bremszylinder und Forward Controls werden ebenfalls immer beliebter. Auffallend ist in diesem Zusammenhang übrigens, wie ähnlich sich doch die Lieferprogramme von Performance Machine und Jay Brake sind.

Der ausgefallene Spiegel stammt von Drag Specialities, und der Sattel kommt von Le Pera. Übrige Details sind u.a. die Kabel-/Rahmenklemmen aus Aluminium, der gefräste Vergaserhalter aus Aluminium, die fehlenden untersten Kühlrippen der Zylinder und die äußerlich modifizierte Bremszange der Hinterradbremse.

Das Resultat ist eine schöne, gradlinige Softail, deren gesamter Motorblock sogar schwarz gespritzt ist und für deren Aufbau noch keine vier Wochen benötigt wurden.

# DER SCHROTTHAUFEN:
## *91 cubic inch Shovelhead*

M.C. und E.Z., beide Mitarbeiter der Jammer Cycle Product Enterprises, waren gerade mit dem Aufräumen des Magazins beschäftigt, als sie auf ein paar Kisten mit verschiedenen Harley-Teilen stießen, Überreste aus mehreren Jahren Custom-Bike-Motorradbau. Diese Restteile, manche bereits nicht mehr in der Produktion, andere einfach nur Schrott ohne Verwendungszweck, waren anscheinend für den Sperrmüll bestimmt. Da unsere beiden jedoch nicht zu den ordentlichen Menschen gehören und sich außerdem fragten, was sich wohl für ein exzentrisches Motorrad aus solch einem Haufen zusammengeklaubten Gerümpels zusammenbauen ließe, begannen E.Z. und M.C. die Einzelteile wie die Teile eines Harley-Puzzles zusammenzulegen. Dr. Frankenstein hatte aus einer Sammlung von „Reserveteilen" ein Monster erschaffen, und auch diese „Schrotthaufen"-Custom ist auf ihre Weise ein Monster. Zu Beginn war das Motorrad als Showbike gebaut worden, mit 3-3/4 inch (9,5 cm) Bodenfreiheit sehr tief gelegt und sehr Performance-orientiert. Der Rahmen ist eine Komposition: Er wurde aus drei in Stücke gesägten Jammer-Rahmen an-

*Diese 91-inch Shovelhead wurde aus einer Sammlung von ‚Reserveteilen' zusammengebaut.*

einander geschweißt. Außer daß der Rahmen 4,5" (11 cm) kürzer wurde, positionierte man den Lenkkopfwinkel auf 44 Grad und kürzte die Ceriani-Vordergabel zugunsten einer ultratiefen Straßenlage. Der Rahmen wurde pulverbeschichtet, und der Sportster Tank erhielt eine Hi-Ho-Silberlackierung. Zwei Aluminium-Mitchell-Räder mit Dunlop 391-Schlappen komplettierten die Fahrwerkskomponente.

In den Rahmen wurde ein Shovelhead-Motor Baujahr 1972-73 montiert, der mittels eines Hubs von 4-3/4 inch (120 mm) mit Standard-Bohrung und einer Kompression von 9,75:1 auf 91 cubic inch (1500 ccm) aufgestockt wurde. Der weithin bekannte Zylinderkopfspezialist Dave Mackey ließ seine magischen Hände spielen, die jeweils zwei Zündkerzen und Ventile aus VA-Stahl, von einer Leineweber-Nockenwelle geöffnet, in das Herz der Shovelhead zauberten. Der Motor läuft mit unverbleitem Benzin und wird durch einen S&S „D"-Vergaser gespeist. Eine Morris-Magnetzündung mit gleichnamigem „Trigger", der die Zündspule bedient, schenkt den vier Zündkerzen sprühende Kraft – eigentlich also ein Doppelzünder, mit dem Ergebnis, daß der Motor bereits nach einem Tritt auf den Kickstarter läuft. Das Harley-Davidson-4-Gang-Getriebe ist so verstärkt worden, daß die zusätzliche Leistung sicher auf die Straße gebracht werden kann, wurde jedoch ebenfalls aus „übriggebliebenen" Teilen wie dem frühen Schaltwalzen-Modell, den späten Zahnrad- und Wellenausführungen und wieder einem frühen Reibungskupplungs-Modell zusammengebaut. Als Endübersetzung kam, u.a. durch den 1-3/4 inch-Riemenantrieb, 3,09 heraus.

Als Showbike war das Motorrad „street legal" und sogar sehr einfach zu fahren, zum Teil dank des geringen Gewichts von 420 lbs. (190 kg). Bei 130 mph (210 km/h) kann man den Lenker loslassen, wonach das Motorrad ohne Probleme kerzengerade weiterfährt.

Obwohl das Bike getuned wurde, um damit auf den Autobahnen von Los Angeles herumfahren zu können, waren die Jungs von Jammer doch neugierig, was ihre Kreation für eine Höchstgeschwindigkeit zu bieten hatte. Und welcher Ort würde sich wohl besser für einen Leistungstest des „Schrotthaufens" eignen als die Salzebenen von Bonneville, auf denen bereits seit Jahrzehnten Geschwindigkeitsrekorde aufgestellt und wieder gebrochen werden?

Also wurde das Bike aufgeladen und nach Bonneville transportiert, wo der Schrotthaufen ohne weitere Motor-Einstellung auf den Salzebenen losgelassen wurde. Das Motorrad wurde ohne weitere Veränderungen oder besonderes Tuning genauso gefahren wie auf den Straßen von L.A. Die höchste Geschwindigkeit lag bei recht ordentlichen 135,7 mph (229 km/h). Bei einem anderen Test rannte die Harley noch schneller, bis der Riemen riß. Zur Zeit wird der Motor für einen neuen Angriff auf die Geschwindigkeitsrekorde von Bonneville präpariert.

**Technische Daten**

- Motor: luftgekühlter 45 Grad V-Twin, 85 PS, Standard-Bohrung, Hub 4-3/4" (120 mm), 91 cubic inch (1500 ccm) Hubraum
- Schmierung: Trockensumpfschmierung, separater Öltank
- Zündanlage: Morris Magnet mit „Trigger"-Doppelsystem
- Vergaser: S&S „D"
- Getriebe: 4-Gang-Getriebe „aus Restteilen"

*Ein Beispiel für einen anderen Radikal-Chopper mit Evolution-Motor.*

# KLASSISCHE HARDTAIL:
## *'91er Jammer Custom Evolution*

*Alles an diesem Motorrad, außer dem nagelneuen 80 inch Evolution Motor, ist Custom.*

Jammer Cycle Parts Inc. ist einer der Namen in den Annalen von Custom-Harley-Davidsons, die am längsten existieren. Das Unternehmen begann 1968 als D&D Distributors in Burbank, Kalifornien. Danach hieß der Betrieb „Psychedelic Choppers" und nannte sich schließlich im Jahre 1971 nach dem Umzug in das nahegelegene Glendale „Jammer". Das Leben des Geschäftsführers M.C. Blair und des stellvertretenden Geschäftsführers E.Z. Winarsky wird vollständig von den Custom-Harley-Davidsons bestimmt, sowohl vom Fahren und Bauen der Bikes als auch vom Verkauf von Custom-Motorrädern. Darüber hinaus haben sie mit der Lieferung „schneller Teile" an Kunden in der ganzen Welt alle Hände voll zu tun.

M.C., bereits seit mehr als 25 Jahren im Motorradbusiness, fuhr 1958 auf seiner „47er Knucklehead von Minnesota nach Kalifornien, um der Kälte zu entfliehen, und auf der Suche nach einer Gegend, wo das Wetter ganzjähriges Motorradfahren erlaubt. Jammer Cycle Parts, das zum Zentrum der Custom-Motorräder wurde, machte für ihn Kalifornien zum gelobten Land. Jammer baut nun 10 bis 12 Motorräder im Jahr, jedoch nur auf speziellen Kundenauftrag.

Jammer

CYCLE
Jammer
PRODUCTS

An dieser '91er Hardtail Custom kann man etwas von den „schnellen Teilen" sehen. Alles an diesem Motorrad, außer dem völlig neuen 80 cubic inch Evolution-Motor, ist Custom, Jammer-Custom, um präzise zu sein. Der Motor erhielt eine „heiße" Nockenwelle, die Zylinderköpfe wurden frisiert und geputzt, und es wurde ein SU 1-7/8"-Vergaser montiert. Danach zog der Motor in einen der verwindungssteifen „Fatbob"-Rahmen von Jammer um. Das Harley-Davidson-Getriebe wurde mit Andrews „close ratio"-Zahnrädern ausgerüstet. Aus praktischen Erwägungen und weil sie als unverwüstlich gelten, montierte man einen 8 mm Primo Belt-Drive mit einem Uniroyal-Riemen.

*Die Kombination von 19 und 16 inch Avon- und Michelin-Reifen wird von Performance Machine-Bremsen zum Stillstand gebracht.*

Der Motor kann sowohl per Kickstarter als auch mittels Elektrostarter angelassen werden – den einen gibt's der Nostalgie, den andern der Einfachheit halber. Zu Jammers Philosophie gehört es, daß auch ein Custom-Bike einfach zu warten sein muß, weshalb auch eine elektronische KV-Zündung zum Einsatz kam.

Dieses Bike ist eines von fünf Motorrädern, die für einen einzigen Kunden gebaut wurden, und gehört zu einer begrenzten Serie von 20 Einheiten, die aus den gleichen Basiskomponenten bestehen.

Obwohl die niedrige Bauweise und der ziemlich große 5-Gallonen-Fatbob-Benzintank dem Motorrad ein massives Äußeres geben, wiegt die Jammer-Custom nur 520 lbs. (235 kg). Die Kombination aus 19 und 16 inch Avon- und Michelin-Reifen wird durch Performance Machine-Bremsen gebändigt. Jammer hat ein Netzwerk von Spezialisten aufgebaut, die sich mit den verschiedenen Stadien der Vorbereitung und Fabrikation im komplexen Prozeß des Von-vorne-an-Aufbauens eines Motorrades beschäftigen. Was die kosmetischen Beigaben anbelangt: Jammer sendet die glitzernden Teile zum Verchromen nach Van Nuys Plating, Jim van HawgDawgs besorgt die Spritzarbeiten und den grafischen Teil.

M.C. baute dieses Motorrad mit einerseits dem Aussehen der klassischen Hardtail, andererseits jedoch der modernen Raffinesse des neuen Evolution-Motors persönlich auf. Jammer-Motorräder werden zum Fahren gebaut, mit einem absoluten Minimum an Einschränkungen und einem Maximum an Fahrfreude. Die jahrelange Erfahrung des Betriebes kann sich jedermann zunutze machen, was beim Durchblättern des dicken Kataloges deutlich wird. Das einzige, was man noch braucht, ist Inspiration.

### Technische Daten

- Motor: luftgekühlter 45 Grad V-Twin, 80 cubic inch (1340 ccm) Hubraum, 65 PS
- Schmierung: Trockensumpfschmierung mit separatem Öltank
- Zündanlage: KV Elektronische Zündung
- Vergaser: S&S 1 7/8 inch
- Kraftübertragung: 4-Gang-Getriebe, close ratio (kurze Gangübersetzung).

# EL PRIMO PRIMER:
## *„Econo"-Custom mit Klasse*

Ein Custom-Motorrad ist eine sehr persönliche Angelegenheit. „Der Mund redet, wovon das Herz voll ist" und „Über Geschmack läßt sich nicht streiten" könnte man in diesem Zusammenhang sagen. In unserem Fall ist der „El Primo Primer" die ganz besondere Vision von E.Z. Winarsky, stellvertretendem Geschäftsführer der Jammer Cycle Products in Glendale, Kalifornien. Obwohl Jammer ausschließlich Custom-Motorräder auf besonderen Auftrag von Kunden baut, konnte es sich E.Z. doch nicht nehmen lassen, eine Maschine für sich selbst zu kreieren. Und wohin man mit diesem Bike auch kommt, sogar nach Los Angeles, wo Harleys in der Preisklasse von 30 000 bis 50 000 Dollar keine Seltenheit sind – El Primo gelingt es immer wieder, die Aufmerksamkeit von den buntgescheckten Bikes auf sich zu lenken. Das kommt vielleicht durch die besondere Lackierung, wahrscheinlicher ist jedoch der einzigartige Charakter des Motorrads.

*El Primo gelingt es immer wieder, die Aufmerksamkeit von anderen, etwas farbenprächtigeren Motorrädern auf sich zu lenken.*

Die El Primo geht zurück zum Ursprung, wo das Motorrad sich als Maschine über den äußerlichen Glanz und Chrom erhebt. Es scheint so, als ob dieses Bike aus einem Me-

tallblock gehackt wurde, und die großen Schutzbleche unterstützen die gebückte und schwere Erscheinung des Krads noch zusätzlich. Der klassische Aspekt kommt durch den sparsam verchromten „old style" Fishtail-Dämpfer, der gegen das matte Grau absticht, auch nicht zu kurz. Das rauh gehauene Äußere des glasperlenen Motorblocks und der ungeschmückte Tank verstärken den „Zurück-zur-Natur"-Effekt.

*Das große, gewellte Schutzblech hinten ist aus Fiberglas.*

Das Projekt wurde ungefähr Anfang 1990 als Idee geboren, mit nicht mehr als einem auseinandergeschraubten Motorrad als Grundlage. Der eigentliche Zusammenbau dauerte nur drei Wochen. Er konnte jedoch erst nach mehreren Wochen angestrengter Denkarbeit beginnen. Es war nicht einfach. Den Anfang machte ein Jammer-Rahmen, der modifiziert werden mußte, um den größeren Evo-Motor aufnehmen zu können. Die vorderen Rahmenrohre wurden um 2-1/4 inch (5,7 cm) verlängert. Da der große Evo-Motorblock den Platz im Rahmen vollkommen ausfüllt und der Tank so niedrig sitzt, erhält das Motorrad ein kompaktes Erscheinungsbild. Der unverfälschte Charakter des Bikes wird durch die „old style"-Gabelrohre verstärkt. Es kam

Verbindungsplatte gekoppelt ist. Alle Leitungen sind Custom-made.

Nicht sofort ins Auge fällt die Tatsache, daß das große gewellte hintere Schutzblech aus Fiberglas besteht, während das vordere Blech wiederum eine Stahlanfertigung ist. Die Räder sind old model Harley-Davidson-Gußräder mit Pirelli-Niederquerschnittsreifen – ein besonders imponierender Anblick. Die 4-Kolben-Bremszangen sind mit einer schwarzen anodischen Schutzschicht überzogen, die sehr groß dimensionierten 11-1/2 inch (290 mm) Scheibenbremsen sind aus rostfreiem Stahl gefertigt. Die kompakte Bauweise wird auch im Gegensatz der großen Bremsscheiben zu den kleinen 16-inch-Rädern deutlich, wodurch die 16-inch-Räder noch winziger erscheinen. Inklusive aller Teile wiegt das Motorrad 477 lbs. (215 kg), mit vollen Tanks.

Noch ein kleiner optischer Trick, der zum schnörkellosen Erscheinungsbild der Maschine beiträgt, ist die geschlossene 12-Volt-Custom-Batterie, unsichtbar in der Unterseite des Öltanks integriert. Auch die beiden Dyna-Zündspulen, die jeden Zylinder unabhängig mit Zündenergie versorgen, unterstreichen diesen Charakter.

Und was ist zu der ausgefallenen Lackierung zu sagen? Wie wäre es mit einer Sprühdose mit Krylon-Primer in einer schwachen Mattierung? Der Name des Streifenjongleurs wird geheimgehalten! Hier ist wieder einmal der Beweis, daß Einfallsreichtum der dicken Brieftasche immer voraus ist.

E.Z. ist es irgendwie gelungen, die Ingredienzen so zu mixen, daß das Ergebnis wesentlich höher einzuschätzen ist als nur die Summe der Einzelteile. Das Wichtigste ist jedoch, daß El Primo die Aufmerksamkeit auf sich zieht.

*Der '91-er Evo-Motor erhielt eine ‚heißere' Nockenwelle, verstellbare Stoßstangen, eine Dyna single fire-Zündung und einen S&S E-Vergaser.*

der ältere Dämpfertyp zur Anwendung, der zwar etwas mehr Lärm verursacht und rauher ist, an diesem Motorrad jedoch die richtige Wahl darstellt. Die Vorderseite wurde mit Wide-Glide-Gabelbrücken abgerundet.

Die Auflageflächen der Zylinderkopfdichtungen des „91er Evo-Motors wurden zwecks Erhöhung der Kompression um 0,065 inch (1,65 mm) abgefräst. Der Motor erhielt weiterhin eine „heißere" Nockenwelle, verstellbare Stoßstangen, eine Dyna Single Fire-Zündung und den erst vor kurzem vorgestellten S&S Super E-Vergaser. Die Evo treiben nun 80 PS am Hinterrad nach vorne.

Das Getriebe ist aus einem heavy duty STD-Getriebegehäuse und Close Ratio Zahnrädern aufgebaut. Eine hydraulische (Ent-) Kupplung bedient die Atlas-Kupplung, die wiederum an einen Phase Three 3-inch-Belt-Drive und eine

**Technische Daten**

- Motor: luftgekühlter 45 Grad V-Twin, 80 PS, 80 cubic inch Hubraum (1340 ccm)
- Schmierung: Trockensumpfschmierung, separater Öltank
- Zündanlage: Dyna Single Fire, jeder Zylinder wird einzeln gezündet
- Vergaser: S&S Super E
- Kraftübertragung: 4-Gang-Getriebe mit STD-Gehäuse und closed Ratio Zahnrädern

# SUPERCHARGED SLED:
## *Hayden Hamiltons 95 cubic inch Softail*

*„The mother of all bikes" nennt Hayden seine 95-inch Softail.*

Haydens erstes motorisiertes Zweirad war ein Mofa, das er sich von dem Verdienst als Zeitungsjunge gekauft hatte. Hayden glaubte an Sparen und Investieren. Vom Heimverkauf von Kompressoren als grüner Junge brachte er es mit ungefähr 26 Jahren zum Besitzer von drei Cafés. Seine Finanztheorie hat ihn vom Lebensmittel-Einpacker zum Besitzer von 14 Autohäusern im Los Angeles San Fernando Valley aufsteigen lassen. Ungefähr 20 Jahre, nachdem er sein letztes Motorrad, eine Triumph Bonneville, weggestellt hatte, eröffnete Hayden direkt gegenüber einem Harley-Händler seine neue Werkstatt. Immer wieder lief er zur anderen Seite, um die neuen Motorräder zu bewundern – und wie sollte es anders sein, eines Tages kam er mit einer funkelnagelneuen 88er FXSTC Softail aus dem Laden. Er war vom Harley-Fieber angesteckt, den Big Twins aus Milwaukee verfallen.

Nachdem er die Softail eine Zeitlang gefahren hatte, fing er damit an, verschiedene leistungssteigernde Komponenten auszuprobieren. In der zweiten Woche bereits schlug er

die Dämpfer aus dem Auspuff, und wenig später mußte er sich von einer anderen Harley mit einer schnelleren Nockenwelle und Dell"Orto-Vergaser deklassieren lassen. Er faßte den Entschluß, nie mehr überholt werden zu wollen. Er wurde bereits sehr schnell mit einigen weitreichenden leistungssteigernden Veränderungen in die Tat umgesetzt.

*Eine neue 88er FXSTC Softail wurde zu einer 95 inch Softail umgebaut.*

Nach dem Studium aller einschlägigen Motorradzeitschriften, auf der Suche nach den bestmöglichen Komponenten beschloß Hayden, die Sache im großen Stil anzupacken. Er schickte den Motor, der 36 000 Meilen (58 000 km) auf dem Tacho hatte, zum The Motor Shop (Glendale, AZ), wo Super Charger-Experten zwei Monate damit beschäftigt waren, den Evo-Motor vollkommen zu zerlegen und wieder zusammenzubauen. All dies einschließlich dem Austüfteln und Montieren des B&M-Kompressors mit einem Druck von 6

*Die Chromarbeiten wurden von Astro Plating durchgeführt, die Lackierung stammt von Jane's Cycle Arts.*

Pfund. Der Hubraum wurde mit Hilfe von Sputhe-Zylindern auf 95 cubic inches (1564 ccm) vergrößert. Dem diesem Hubraum nicht angepaßten Motor wurden auch eine feingewuchtete Kurbelwelle, S&S-Pleuelstangen, eine Crane Dragrace-Nockenwelle, hydraulische Tappets, Sputhe-Kolben und Total-Seal-Kolbenringe verpaßt. STD (Chatsworth, CA) bearbeitete die Zylinderköpfe, montierte die größeren Ventile und baute in jeden Kopf eine zusätzliche Zündkerze ein. Das Motorrad lief nach der Zylinderkopf-Überholung so schnell, daß Hayden dachte, STD habe seinen Tank mit Rennbenzin gefüllt. Die Maschine fährt jedoch mit stinknormalem Benzin aus der Zapfsäule wie der geölte Blitz.

Da Hayden in der Tankstelle seines Vaters, wo er auch arbeitete, aufwuchs, konnte er gut schrauben und erledigte viele Arbeiten selbst. Er war stundenlang damit beschäftigt, die richtigen Düsen für den doppelten Dell"Orto-Vergaser zu finden – ein riskantes Geschäft, wenn man einen Kompressor montiert und die Kompression auf 7:1 herabsenkt. Er entschied sich auch für eine andere Übersetzung für den Kompressorantrieb, um von einem 1:1-Verhältnis zu einem 1,6:1-Verhältnis für einen höheren Druck zu kommen. Als Ergebnis dieses größeren „Spaß"-Verhältnisses muß Hayden seinen Hinterreifen bei „normalem Fahrbetrieb" alle zwei Monate wechseln. Er hat früher auch alle drei Wochen eine Kupplung verschlissen, bis er einen Satz von Barnetts neuen Kevlar-Kupplungsscheiben ausprobierte, die sogar die extreme Leistung von 160 PS auszuhalten scheinen!

Die Softail hat ein Standard Harley-Davidson-5-Gang-Getriebe, die Bremsen stammen jedoch von Performance Machine. Die Auspuffanlage wurde gegen eine SuperTrapp mit 22 Ringen am Ende eingetauscht, einen kräftigen Zündfunken erzeugt die elektronische Dyna Single Fire-Zündanlage. Die alte Originalfederung behielt Hayden bei, es kamen jedoch Wide Glide-Gleitrohre dazu, um die doppelte Scheibenbremse aufnehmen zu können. Astro Plating in Van Nuys war für das Verchromen verantwortlich (einschließlich des primären Innenkastens und des Rahmenhecks), und Jane von Jane"s Cycle Arts spritzte den Motor in geflammtem Weiß-Perlmutt, highlighted durch säuregeätztes Blattgold.

Die FXSTC-B (von Blower) kann normal gefahren werden und schnurrt dabei wie eine Katze; sie dreht sauber im Leerlauf, ist aber auch zu Leistungen in haarsträubenden Proportionen fähig. Haydens persönliche Vision fing mit „herausgeschlagenen Dämpfern" an und wurde zu dem, was er „die Mutter aller Motorräder" nannte. Könnte schon sein.

**Technische Daten**

- Motor: luftgekühlter 45 Grad V-Twin, 160 PS, 95 cubic inch (1564 ccm) Hubraum
- Schmierung: Trockensumpfschmierung, separater Öltank
- Zündanlage: Dyna Single Fire, Doppelzündung
- Vergaser: Dell'Orto
- Kraftübertragung: Standard Harley-Davidson-5-Gang-Getriebe

# TURN KEY CUSTOM:
## *Vic Triepkes von Ness gebaute Custom*

Vic Triepke kann sowohl im Bereich motorisch angetriebener als auch nicht motorisch angetriebener Custom-Zweiräder auf eine lange Geschichte zurückblicken. Anfang der 60er Jahre fuhr und baute Vic, damals gerade 6 Jahre alt, „Chopper"-Fahrräder, von denen eines mit einer verlängerten Springer-Vordergabel und einem King and Queen-Sattel ausgerüstet war.

*Eine '87 FXRP wurd zu dieser „special order knock-out cafe-style red rocket" aufgebaut.*

Als kleiner Junge genoß er bereits die kleinen Ausfahrten auf der Harley seines Neffen mit Suicide-Kupplung. Als er 10 Jahre alt war, hatte er 45 Dollar zusammengespart und kaufte sich ein Taco 22 Mini-Motorrad; 1967 nahm er an Motocross-Veranstaltungen und Wüstenrennen teil. Er fuhr auf fabrikgesponsorten Motorrädern und gewann verschiedene Preise als Profi-Rennfahrer. Nach einem schweren Sturz jedoch, bei dem er sich einen Wirbelsäulenbruch zuzog, der ihn aus der Wertung warf, zog er sich aus dem Rennsport zurück.

Vics Laden, bei dem sich rund um die Uhr alles um Motorräder dreht, ist bei allen Motorradfahrern in Kalifornien bekannt. Sein 24-Stunden-Abschleppdienst holt in Schwierigkeiten geratene Motorradfahrer ab und bringt

METZELER® ME1

S&S
SUPER G

sie nach Hause. Auf diese Weise hat er schon zahlreichen Bikern aus der Patsche geholfen. Vic hat das richtige Werkzeug für alle Arten von Motorrädern, vom Dresser über Gespanne bis hin zu Motorrädern mit Anhänger usw. Er wird schon mal „Tower of the Stars", also „Abschlepper der Stars" genannt, weil er bei Leuten wie James Caan, Sylvester Stallone,

*Ein großer Teil dieses Motorrads besteht aus Ness Custom-Teilen, viele von ihnen sind aus massivem Aluminium gefertigt.*

Arnold Schwarzenegger, Billy Idol und anderen L.A.-Berühmtheiten schon mal Harleys abgeholt hat.

Als erste Motorräder baute Vic flat-trackähnliche Triumphs für den normalen Straßenverkehr zusammen. Später kaufte er sich eine Harley Softail, die er durch die Montage eines Ape-Hangers und eine rot-weiß-blaue Lackierung radikal veränderte. Von einem bestimmten Zeitpukt an wollte er das Customizen viel weiter intensivieren und begab sich deshalb zu Arlen Ness, dem Top Custom-Bike-Kon-

glanz polierte und verchromte Evo-Motor wurde in einen 87er FXR-Rahmen mit einem Lenkkopfwinkel von 38 Grad eingebaut.

Die Harley-Davidson-Vordergabel wurde um 2 inch (5 cm) gekürzt und erhielt Ness-Gabelbrücken. Als hintere Stoßdämpfer tun Konis ihren Dienst, die Bremsen stammen von Performance Machine, und das 18-inch-Hinter- und 21-inch-Vorderrad sind beide mit Metzler-Reifen ausgerüstet. Das zuverlässige Harley-Davidson-5-Gang-Getriebe blieb unverändert.

Der größte Teil des Motorrads besteht aus einer Sammlung von Ness-Custom-Teilen; viele davon sind aus massivem Aluminium gefertigt. Aus der Ness-Kollektion stammen beispielsweise der Lenker, die Griffe, Spiegel, Schutzbleche, Frontscheinwerfer, Rücklicht, vordere und hintere Fußrasten, der Sattel und die Auspuffanlage. Auch den blutroten Lack mit den künstlerisch-dekorativen Verzierungen von Ron M. brachte Arlen auf. Vom Tage der Bestellung an bis zu dem Tag, an dem die Farbe trocken war, vergingen in Arlens Laden in San Leandro, Kalifornien, sechs Monate.

Für diesen Traum auf zwei Rädern müssen immerhin 30 000 Dollar hingeblättert werden, wozu noch einmal die Kosten für eine nachträgliche perfekte Motoreinstellung hinzukommen. Aber in diesem Preis ist auch der ordentliche Kick für Vic enthalten, dafür nämlich, daß er eines der auffälligsten Motorräder in L.A. fährt. Trotzdem spielt er mit dem Gedanken, sich selbst ein Motorrad zu bauen und sich von seiner „roten Rakete" zu trennen... Heh, Stallone, Arnold, vielleicht ist das etwas für euch!!!

strukteur, um mit dieser „Special order knockout cafe-style '87 FXRP" nach Hause zu kommen.

Die meisten Biker wissen nicht, daß Arlen Ness erst vor kurzem mit dem Bauen von Motorrädern nach Vorgabe der Kunden begonnen hat. In der Vergangenheit konstruierte Arlen nur Motorräder nach eigener Vorstellung, und wenn einem das Endergebnis gefiel, konnte man es kaufen.

*Die Turn Key Custom besteht aus einem 89-inch-Motor mit einer kompletten S&S-Kurbelwelle und einem S&S-Vergaser.*

Auf dem Wunschzettel für dieses Bike stand unter anderem ein 89 cubic inch-Motor mit einer kompletten, von Don Rich feingewuchteten S&S-Kurbelwelle sowie ein S&S-Vergaser. Crane lieferte eine Nockenwelle vom Typ 286 und die Stößel. Der auf Hoch-

### Technische Daten

- Motor: luftgekühlter 45 Grad V-Twin 89 cubic inch (1460 ccm) Hubraum, 80 PS
- Vergaser: S&S
- Schmierung: Trockensumpfschmierung, separater Öltank
- Zündanlage: Dyna
- Kraftübertragung: Standard Harley-Davidson-5-Gang-Getriebe JHOG

# HOG TOWN HARLEY:
## *die Cowboy-Custom FLH von Barry Weiss*

*Das Rassepferd von Barry Weiss: die Cowboy Custom FLH, eine Harley, mit der man auffällt.*

Der Besitzer dieser Harley hat in den vergangenen Jahren eine Menge Triumphs, BSAs, Nortons und Harleys verschlissen, insgesamt 30 an der Zahl. Daneben nahm er auch an Off-road-Rennen teil, beispielsweise am Bastow-Vegas-Race; er hat aber auch schon viel Vieh über die ausgestreckten Weiden seiner Heimat getrieben. Eine Schwäche Barrys sind jedoch die schweren H-D-Kreuzer. Er ist ein echter Kalifornier, geboren und aufgewachsen in Los Angeles, wo es schöne Motorräder und Sonnenschein wie Sand am Meer gibt. Deshalb wünschte sich Barry eine Harley, die zwischen den anderen Harleys, die regelmäßig vor dem Hamburger-Restaurant stehen, hervorsticht.

Nichts, außer den Cowboys, ist amerikanischer als eine Harley. Kombiniert man diese beiden Archetypen amerikanischer Kultur, dann kommt das oben abgebildete Rassepferd heraus. Barry fand dieses Bike in Nebraska mit 4300 echten Meilen auf dem Tacho. Nun wird natürlich alles in diesem entlegenen Winkel der USA unter dem Motto verkauft, das Motorrad sei „nur vom heiligen Nikolaus bei einem Umzug" gefahren wor-

Electra Glide
HARLEY-DAVIDSON

HARLEY

HARLEY-DAVIDSON

den. Aber das Bike war in einem 100%igen Originalzustand und glänzte so schön, daß diese Geschichte tatsächlich stimmen könnte. Barry verschönerte das Motorrad in Nebraska mit Hilfe von Harley-Davidson-Zubehörteilen, die beinahe einen Laden füllen könnten. Die Custom Parts wie beispielsweise die Blinker, die Achsenkappen, die Schutzblech-Stoßstangen usw. passen gut zum Baujahr der Maschine, einer FLH aus dem Jahre 1979, dem letzten Jahr des 74 cubic inch (1200 ccm)-Motors.

*Der Stil der 50er Jahre in den „two tone"-Farben Grau und Camel.*

Nach dieser kosmetischen Behandlung wurde das Motorrad nach Kalifornien gebracht, wo das Original-Rot einem Zwei-Ton-Farbarrangement aus Grün und Kamel weichen mußte, von Spin in Costa Mesa aufgespritzt. Barry liebt den alten Stil der 50er Jahre, den die FLHs nach außen hin besitzen. Er wurde übrigens durch eine Erinnerung an

*Diese Cowboy Custom FLH wurde mit einem echten Westernsattel mit Taschen verziert.*

seine Kinderzeit in Hollywood inspiriert. Ihm fiel nämlich ein gewisser Noody ein, ein berühmter Rodeo-Kleider- und Sattelmacher, den er kannte und der in einem Cadillac Eldorado mit Revolver-Türgriffen und Ledersattel-Sitzen herumfuhr. Noody besaß auch eine Triumph Bonneville, die mit viel Leder ausgekleidet war. Viele Jahre später, immer noch diese Bilder in seinem Kopf, war Barry auf der Suche nach etwas Besonderem für sein Motorrad. Er wurde fündig: Ein echter Western-Sattel mit Taschen sollte es sein, alles Handarbeit von Miguel Lepe, einem erstklassigen Sattelmacher aus L.A. Der mit Gravierungen verzierte, delikate Sterling-Silberbeschlag wurde in Mexiko gekauft. Die Kombination aus Silber und den weißen, gummibelegten Trittbrettern, den Fußrasten, Handgriffen und dem traditionellen Grün mit Camel-Lack ergibt ein äußeres Erscheinungsbild, das ins Auge springt, das man sich behält, ebenso wie das Custom-Kennzeichen, auf dem „HOGTOWN" steht.

Trotz der Tatsache, daß Barry auch noch ein paar Triumphs und eine Ness-Harley im Café-Stil besitzt, hat er viel Freude an seinem „Oldie Goldie". Er sagt, die FLH laufe wie eine Nähmaschine, und daß er es liebe, zusammen mit ein paar Harley-Freunden und seinem Bruder Joe an späten Sommerabenden über die Highways um L.A. zu kreuzen, wenn die Staus sich aufgelöst haben und es sich stundenlang ruhig touren läßt. Der Cowboysattel ist ebenso komfortabel wie ästhetisch. Gibt es eine bessere Möglichkeit, die Prärien von Hollywood zu durchqueren?

**Technische Daten**

- Motor: luftgekühlter 45 Grad V-Twin, 74 cubic inch (1200 ccm) Hubraum, 50 PS
- Vergaser: SU
- Schmierung: Trockensumpfschmierung, separater Öltank
- Zündanlage: Serie
- Kraftübertragung: Standard-Harley-Davidson

# 1 TOPHOG:
## *die Hollywood-Harley von Tim McNally*

*Einzigartige Lackierung mit Blattsilber-Lettern auf der Hollywood Harley von Tim McNally.*

Tim McNalley war so gut wie unterwegs nach Sturgis, South Dakota, wo er auf seinem 87er H-D-Police-Motorrad an der jährlichen Harley-Rally teilnehmen wollte, als ihn sein Bullterrier Maude von einer Treppe herunterzog. Anstatt nach South Dakota aufzubrechen, verbrachte er seine Zeit damit, seiner FXRSP den letzten Anstrich zu geben, während sein Arm genesen konnte.

Tim versteht etwas davon, Dingen den „letzten Anstrich zu geben" – hat er doch die letzten 30 Jahre hinter den Kulissen bei den Hollywood-Filmstudios gearbeitet, wo er den Stars mit Hilfe künstlichen Make-ups ein paar Jahre aus dem Gesicht zauberte. Er hat an Dutzenden von Filmen mitgearbeitet, einschließlich Rambo III. An Tims Miata blauer 1340er Evo mußte (aller-) letzte Hand angelegt werden, nachdem sie gerade vom „San Leandro", Kaliforniens Zentrum für frenetische Harleyfahrer, dem Arbeitsplatz von Arlen und Cory Ness also, freigegeben worden war. Cory hat sich völlig für diese Kreation eingesetzt, so sehr sogar, daß er das Bike zweimal gespritzt hat, weil der blaue Farbton nicht ganz dem entsprach, was Tim sich vorgestellt hatte. Die Lackierungsarbeiten mit den silber-

EY
MARATHON FRONT

nen Buchstaben wurden von Dennis Dardinelli aus Campbell, Kalifornien, ausgeführt.

Sobald man sich dem „1TopHog" auf 15 m Abstand nähert, wird einem klar, daß die Pracht dieses Motorrads nicht beim Lack aufhört. Um etwas „Bullterrier-Power" unter die Kosmetik zu zaubern, brachte Tim das Bike zu Roger und Arnie von XRV Performance Products in Hollywood.

Dort wurden eine Crane 1000-Nockenwelle, ein 40 mm Mikuni-Vergaser mit Ramjet-Einlaßkrümmer, Axtell-Zylinderköpfe, verstellbare Stoßstangen von Crane und eine CHO-Transistorzündung eingebaut. Nach all diesen Modifikationen verließ die SP die XRV-Werkstatt mit einer Leistung von 100 PS.

Ness-Zubehörteile wie die Scheinwerfer, Schutzbleche und Sissy-Bar zieren das Motorrad. Triple A war für die Chromarbeiten verantwortlich, während Dennis Manning von der bekannten Firma BUB die Auspuffanlage beisteuerte. JB-Bremsen und Forward Controls, Performance Machine-Räder und ein Custom Mike Corbin-Sattel runden das Bild dieser „Hollywood Hawg", die eine Bodenfreiheit von nur 4 inch (10 cm) besitzt, perfekt ab.

*Um etwas „Bullterrier-Power" herauszukitzeln, wurde ein Motor mit 100 PS Leistung eingebaut.*

Tim streift gerne durch die Staaten und über die Boulevards von Hollywood, zusammen mit den 75 anderen Mitgliedern der Hawg Dogs, einem Club, der sich aus Filmdirektoren, Produzenten, Autohändlern usw. zusammensetzt, die sich dem Traum, eine einzigartige Harley zu besitzen, verschrieben haben. Keiner von ihnen wird widersprechen, daß Tim diesem Traum sehr nahe gekommen ist. Das Kennzeichen spricht für sich: „1TopHog"!

**Technische Daten**

- Motor: luftgekühlter 45 Grad V-Twin, 1340 ccm Hubraum, 100 PS
- Vergaser: 40 mm Mikuni
- Schmierung: Trockensumpfschmierung, separater Öltank
- Zündanlage: Dyna
- Kraftübertragung: Harley-Davidson-5-Gang-Getriebe.

# THE NEVER ENDING STORY:
## *1983 Shovelhead Custom*

*Die Harley FXWG von 1983.*

Die Shovelhead-Modelle erblickten 1966 das Licht der Welt und wurden bis 1984 produziert, dem Erscheinungsjahr der Evolution. Auf den abgebildeten Fotos ist eines der letzten Exemplare aus dieser Serie abgebildet, eine Harley FXWG von 1983. Die meisten Harley-Davidson-Freunde kennen die FX als Super-Glide, das WG steht für Wide-Glide (oder vielleicht Willie G., Chef der Entwicklungsabteilung). Die starke Anziehungskraft dieses Motorrads beruht auf dem Sport-Look, der u.a. durch die tiefe Sitzposition entsteht, die wiederum dem nur 67 cm über der Straßenoberfläche montierten Sattel zu verdanken ist. Das „leichte" Aussehen der Maschine wird auch durch die Frontpartie verstärkt, wo ein 21"-Vorderrad und die „nackten" Gabelrohre sowie die kleinen Bremsscheiben und -sättel den Effekt des abgespeckten Bikes noch weiter unterstreichen. Diese Custom mit ihrer dunklen „black cherry"-Farbe gehört Dan Baan aus North Carolina, bei dem die Wide-Glide bereits zahlreiche Transformationen durchgemacht hat. Welche Gestalt das Motorrad auch annimmt, es macht immer wieder als Gewinner Furore. Bevor die Maschine ihr heutiges Aussehen erhielt, gehörte sie bereits zu den prämierten

SOUTHERN PERFECTION

Bikes der jährlichen „Harley Ride-in Show" und der während der Bike Week in Daytona stattfindenden „Rat's Hole Bike Show". Das Bauen von Custom-Motorrädern wird wohl niemals ein Ende finden, weil die Besitzer selten zur Überzeugung gelangen, ihr Projekt sei bis zum letzten VA-Imbusschräubchen vollendet. Es gibt immer wieder etwas noch Schöneres zu montieren. Meistens ist ein Motorrad „beinahe fertig", aber diese Shovelhead ist wirklich ausgereift.

*Der Frontscheinwerfer, der meistens verchromt ist, wurde gespritzt, um die Farben besser wirken zu lassen.*

An einem solchen Punkt angekommen, hatte Dan demnach die Möglichkeiten, die Maschine einfach zu fahren, sie zu verkaufen, ganz von vorne mit einem neuen Projekt anzufangen oder das Bike wieder vollständig zu zerlegen und das Puzzle anders wieder zusammenzusetzen. Es ist der Drang nach ästhetischer Schöpfung, der die Bauer von Custom-Motorrädern dazu bringt, etwas

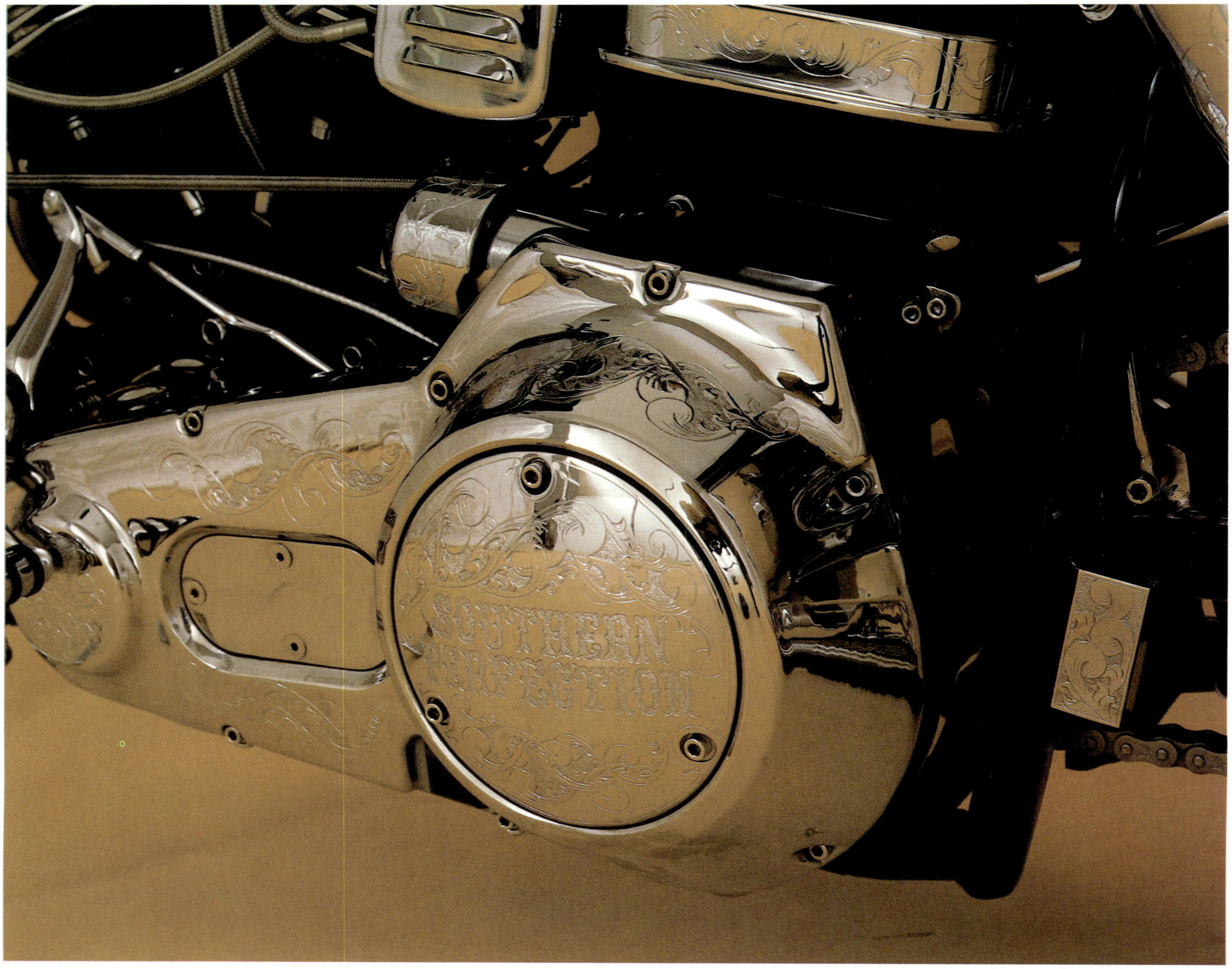


*Dem Standard-Motor wurden mit Hilfe eines S&S Two Throat-Vergasers ein paar zusätzliche PS spendiert.*

Neues in dem Moment zu kreieren, an dem sie das letzte verchromte Teilchen an das Prunkstück schrauben, das sie in dem Moment gerade unter den Händen haben.

Dieses Streben ist der Grund dafür, daß Custom-Bike-Shops wie die von Arlen Ness, Dave Perewitz, Kennedy Custom Cycles, the Parts Bin und zahlreichen anderen von Jahr zu Jahr immer mehr zu tun haben. In diesem Fall jedoch besaß der Besitzer handwerkliches Geschick und führte die meisten Arbeiten selbst aus. Das einzige Problem stellte der Rahmen, das Original also, dar. Es sollte schon etwas Besonderes sein, und deshalb rief Dan den Fahrwerksspezialisten Rick Doss an, der einen Rahmen auf Maß zusammenknetete. Ein anderer bekannter Name in der Custom-Bike-Szene ist der der Lackiererin Teresa Crane, die für den dunklen „black cherry"-Lack verantwortlich zeichnete. Dan entschied sich für ein klassisches Farbmuster mit stilisierten Flammen. Auch der Frontscheinwerfer, der meistens verchromt ist, wurde gespritzt, um die Farben noch besser hervortreten zu lassen.

Diese Custom Shovel besitzt ein etwas konservativeres Äußeres, vielleicht etwas zurückhaltend, wenn ein solches Wort überhaupt auf einen Harley Big-Twin zutreffen kann. Obwohl der Motor wegen der Zuverlässigkeit nicht verändert wurde, hat er dennoch mit dem S&S Two Throat-Vergaser ein paar zusätzliche Pferdchen dazubekommen. Das Ausatmen ist dank der Santee-2-inch-Auspuffrohre, die „einen etwas lauteren Klang haben" (ungefähr so wie ohne Schalldämpfer) auch etwas einfacher geworden.

Kleine Details bestimmen bei Wettbewerben oft den Unterschied zwischen dem Erstplazierten und dem Rest der Teilnehmer. Kleinigkeiten wie die O-Ring-Fußrasten, sauber verlegte Kabel und die rostfreien, geflochtenen Züge tragen ihren Anteil zu dem bei, was man eine „gerade" Linienführung nennt – sehr ästhetisch, mit möglichst wenig Unterbrechungen der fließenden Linien des Motorrads. Falls hier der Eindruck entsteht, es handele sich um die Kritik eines Kunstwerkes, dann stimmt das auch. Noch auffälliger sind die großzügigen Gravierungen der Zylinderköpfe und des Kurbelwellengehäusedeckels, die beiden eine gewisse Eleganz verleihen. Das ist etwas, was man bei einem Teeservice aus Silber erwartet. Hier üben die delikaten Linien und Kurven einen zusätzlichen Kontrast aus und unterstreichen das massive Erscheinungsbild des 80 cubic inch-Kraftwerks der Harley.

### Technische Daten

- Motor: luftgekühlter 45 Grad V-Twin, Standard-Bohrung und Hub (3,5 x 4,25" = 88,9 x 107,95 mm), Hubraum 80 cubic inches (1340 ccm), ca. 60 PS
- Schmierung: Trockensumpfschmierung mit separatem Öltank
- Zündanlage: Batterie und Zündspule mit sowohl Kick- als Elektrostarter
- Vergaser: S&S Two Throat
- Kraftübertragung: H-D-4-Gang-Getriebe mit Fußschaltung

# „WICKED, MEAN, GREEN, AND NASTY" FXSTC

Man kann es glauben oder auch nicht, aber nur ein kleiner Junge von 10 Jahren hatte Vertrauen in diese Heritage Softail Custom von '89. Der Erbauer der Maschine, Paul de Meester, erhielt von seinen erwachsenen Freunden keinerlei Zustimmung, als er ihnen seine Idee offenbarte, seine Harley fluoreszierend grün zu spritzen, da dies nun einmal niemand tut. Man wird nicht so schnell ein anderes Motorrad finden, das auch nur im entferntesten dieser Harley gleicht, sogar nicht in einer Brutstätte für Custom-Harleys wie Südkalifornien.

*Paul de Meester handelte gegen die herrschende Meinung, indem er seine Heritage Softail Custom von '89 in fluoreszierendem Grün lackierte.*

Der Besitzer, Konstrukteur und Bauer, Paul de Meester, fing sehr jung und unter widrigen Umständen mit dem Motorradfahren an. Er wurde in Belgien geboren, wuchs jedoch in Calgary, Canada, auf, wo er für ein paar Dollar sein Taschengeld als Zeitungsjunge auf einer kleinen NSU aufbesserte. Und da die Zeitungen nun einmal auch in den bitterkalten kanadischen Wintern ausgetragen werden müssen, kann er sich sehr gut an die Tage erinnern, an denen das Thermometer unter –40 Grad fiel. An einem Morgen war es

sogar so kalt, daß die Bremsen seines Motorrades eingefroren waren!

Anfang der 70er Jahre zog Paul nach San Francisco um und fing damit an, Rahmen und Öl- und Benzintanks für den Eigenbedarf oder für Freunde herzustellen. Pauls Design wurde

*Die Bremsen sowohl vorne als auch hinten bestehen aus schwimmend gelagerten 13-inch-Doppelbremsscheiben.*

von dem berühmten Custom-Harleys-Bauer Arlen Ness beeinflußt. Arlen hatte seinerzeit einmal eines von Pauls Motorrädern wunderschön gespritzt, für nur 125 Dollar! Aber das war 1972! Die Kosten für die hervorragende Lackierarbeit des hier abgebildeten Motorrads betragen beinahe 5000 Dollar!

Die Inspiration für diesen radikalen Um-

gang mit der Spritzpistole erhielt Paul während eines Besuchs in Palm Springs, Kalifornien, beim Spring Break, an dem Tausende Studenten jedes Jahr ein Ferienfest organisieren. Paul sah dort eine Unmenge Café-Racer-ähnlicher Nicht-Harleys, die beinahe alle in

*Übrige Details, denen die notwendige Aufmerksamkeit gewidmet wurde, sind der Lenker und die Griffe von Arlen Ness.*

fluoreszierenden Farben gespritzt waren. „Warum kann man so etwas nicht mit einer Harley tun?" fragte Paul seine Freunde. Von den Erwachsenen brauchte er aber keine Unterstützung zu erwarten, nur der 10jährige Sohn seines Kumpels, der mit den neuesten Trends bestens vertraut war, war der Meinung, daß er es wagen sollte; es wäre einfach irre... Spritz sie Teen-age Mutant Ninja Turtle Grün!

Das Motorrad war nach sechs Monaten fertiggestellt, zum größten Teil von Paul selbst gebaut. Mechanisch blieb der 1340-ccm-Motor unverändert, mit Ausnahme einer flacheren Nockenwelle und eines 40-mm-Mikuni-Vergasers. Der Motor wurde mit der neuesten Morris-Magnetzündung versehen, die über eine automatische Zündvorverstellung verfügt und auch beim Start mittels Kickstarter für einen kräftigen Funken sorgt.

In der um 3 inch (7,6 cm) gekürzten Wide-Glide-Vordergabel dreht sich ein FXR 19-inch-Gußrad, auf dem die notwendigen Distanzscheiben angebracht sind, um in die WG-Gabel passen zu können. Performance Machine-Bremsen kommen sowohl vorne als auch hinten mit 13 inch (330 mm) schwimmend gelagerten Bremsscheiben zum Einsatz. Für den Einbau mußte auf das Fachwissen von Fred Muehlenhort von Race Tech (in Oxnard, Kalifornien) zurückgegriffen werden, der den Bremssattel montierte. Er war auch für die „Lötarbeiten" an den Leitungen aus rostfreiem Stahl verantwortlich.

Paul fand die 2-inch-Endrohre auf einer Tauschbörse, kürzte sie um 6 inch (15 cm) und ließ sie zu guter Letzt bei Anderson Industry (Santa Fe Springs, CA) mit einer Glasurschicht versehen. Das Rahmenheck trägt das seitlich montierte und aus einer Einheit bestehende Rücklicht, das von Paul – wie auch der Sattel – selbst hergestellt wurde. Die spezielle Kennzeichenhalterung und gleichzeitige Bremssattelbefestigung wurde von Paul Berg von Turbo-Tech (Simi Valley, CA) aus massivem Aluminium gefräst.

Paul ersetzte die serienmäßigen Forward Controls an der Vorderseite des Motors durch 90er Sturgis Brems-/Schaltpedale und Fußrasten. Durch diese Modifikation wurde Platz für den kleinen Frontspoiler von Dick Doss (Danville, VA) geschaffen, der nun unter der Lenkerverkleidung von Arlen Ness hängt.

Im serienmäßigen Tank sind Rick Doss-Armaturen mit der Aufschrift „Wicked, Mean, Green and Nasty" integriert, der grüngespritzte Tacho ist mit einer neuen Skala bis 150 mph ausgerüstet. Andere Finessen sind beispielsweise der Lenker und die Griffe von Arlen Ness. Zu den Dingen, die das Neongrün noch besser hervorheben, gehören die anodisch präparierten Teile von Multi-Chrome (Oxnard, CA), pulverbeschichtet von Bell Powder Coating (Ventura, CA), sowie die Glanzteile von Coast Chrome and Polishing (Oxnard, CA).

Jetzt, wo das Motorrad fahrfertig ist, kann Paul an einem neuen Projekt beginnen, wie beispielsweise eine aufgeladene (mit Turbo oder Kompressor ausgerüstete) Softail mit Doppelvergasern auf der Basis des neuen Ness Softail-Rahmens, der nur 4 inch (10 cm) Bodenfreiheit besitzt.

**Technische Daten**

- Motor: luftgekühlter 45 Grad V-Twin, 75 PS, 1340 ccm
- Schmierung: Trockensumpfschmierung, separater Öltank
- Zündanlage: Morris Magnetzündung
- Vergaser: 40 mm Mikuni
- Kraftübertragung: Harley-Davidson-5-Gang-Getriebe

*Ein simples Beispiel von dem, was man mit einer Softail machen kann; die Möglichkeiten sind anscheinend unbegrenzt.*

# XLH SPORTSTER 883 „SPECIAL CUSTOM"

*Eine 883 Sportster, von den Konstrukteuren der L.A. Harley, Middelharnis zu einem Big Twin umgebaut.*

Wer behauptet, man könne aus einer 883 Sportster keinen Big Twin machen, muß sich hier wohl eines Besseren belehren lassen. Die Konstrukteure von L.A. Harley Middelharnis sind wieder einmal über ihren kreativen Schatten gesprungen. Zuerst wurde eine Softail Custom „Special" gebaut. In L.A. Harley-Begriffen bedeutet das ungefähr, daß das Original vollständig überarbeitet wird: Schrauben, Muttern, Achsen, Unterlegscheiben usw. werden komplett durch eine Variante aus rostfreiem Stahl ersetzt. Mit Hilfe der Polierscheibe wird ein realistischer Chrom-Look erzeugt.

Die technischen Details lassen sich aufgrund der immensen Veränderungen beinahe nicht alle auf ein Blatt Papier bringen. Ein One-piece Fat Bob-Tank darf natürlich nicht fehlen, ebenso wie die darauf montierte Armaturentafel. Die elektrische Verkabelung wurde in diesem Bereich dann auch angepaßt. Der medium Buckhorn-Lenker vermittelt eine nicht zu hohe oder zu tiefe Sitzposition. Weil der Rahmen für eine möglichst tiefe Sitzposition Standard ist, hat man sich für die Montage des kleinen Pansattels entschieden.

HARLEY-DAVID

LIVE TO RIDE
RIDE TO LIVE
HARLEY-DAVIDSON

CAL
CA
C2937

Die Front des Motorrads ist vom Typ Wide-Glide mit doppelter Bremssattelbefestigung. Der Frontscheinwerfer ist eine verchromte 4 1/2"-Miniaturlampe. Um vorne den Kontakt zur Straße nicht zu verlieren, versieht dort ein 19"-Rad seinen Dienst. Indem der Bügel des vorderen Schutzbleches verändert wurde, konnte das Spiel minimal gehalten werden.

Um den gleichen Effekt zu erzielen, wurde das hintere Schutzblech auch tief auf das 16"-Scheibenrad gesetzt. In diesem Fall konnte dies vor allem durch die Verwendung von Low

*Ein Rennsatz von Screamin' Eagle, wobei ein 40-mm-Vergaser von Screamin' Eagle montiert wurde.*

Shocks erreicht werden. Das Tüpfelchen auf dem i stellt natürlich die gesamte Chromarbeit dar. Da doch alle Deckel demontiert werden mußten, hat L.A. Harley into the bargain ein Rennset von Screamin' Eagle montiert. Hierzu gehört der 40-mm-Vergaser von Screamin' Eagle, der dem Rennsatz die volle Leistung gibt. Und die kann sich sehen lassen!

### Technische Daten

- Motor: 883 V-Twin Evolution
- PS: genug
- Vergaser: Screamin' Eagle
- Kraftübertragung: 4-Gang-Getriebe
- Tank: one-piece Fat Bob
- Besonderheit: Chromarbeiten Fußrasten: Forward Controls
- Lackierung: Two-Tone (rot/crème) G.L. Paint

# FXR SUPER-GLIDE „BIG BOY"

Von den 25 neuen Harley-Modellen ist doch sicherlich auch eine für dich dabei. Der Wunsch in dieser Aussage ist der Vater des Gedankens, denn die Praxis lehrt uns, daß der echte Harley-Liebhaber selten mit der serienmäßigen Ausführung zufrieden ist. Es gibt mindestens eine Kleinigkeit, die er verändert haben möchte.

Bei L.A. Harley-Davidson in Middelharnis vertritt man diese Meinung ebenfalls. Eine

*An dieser Harley ist es die Schlichtheit, die dem Ganzen diese Schönheit verleiht.*

Harley ist erst dann fertig, wenn man das selbst findet.

Die FXR-Modelle gehören zu den Harleys, die hinsichtlich ihrer unbegrenzten Möglichkeiten noch nicht richtig entdeckt worden sind. Das auf den folgenden Seiten abgebildete Harley-Modell, das unsere Augen zum Glänzen bringt, läßt einen ersten Ansatz zur Verschönerung erkennen – jedoch in dem Sinne, daß es die Schlichtheit ist, die dem Ganzen eine solche Schönheit verleiht.

Einige technische Details sind u.a.: ein „one piece" 3,5 Gallonen Fat Bob-Tank mit einem '58 Type Dash Pannel. Die Vordergabel stammt von der Wide-Glide mit einem Heritage Conversion set. Und es ist vor allem der große Frontscheinwerfer, der dem Ganzen

HARLEY-DAVIDSON

HARLEY-DAVIDSON
USA

HARLEY-DAVIDSON

*Der „finishing touch" an der FXR Super-Glide „Big Boy" sind die Trittplanken.*

einen Hauch von Klassik verleiht. Durch die gelochten R.V.S-Bremsscheiben am 16"-Gußrad erzielt diese Bremsanlage die besten Verzögerungswerte.

Die Rückseite ziert ein schwenkbares Heritage-Schutzblech. Um das Spiel zum Hinterrad so gering wie möglich zu halten, wurde eine kürzere Hinterradfederung montiert. Das 16"-Hinterrad wird mit Hilfe eines Standard-Bremssattels zum Stehen gebracht, ein Vorgang, der auch am Rücklicht sichtbar gemacht wird. Der Sattel wurde speziell aus Kalbsleder gefertigt und hat die Ideallinie zwischen Tank und dem hinteren Schutzblech erhalten. Die Conchos sorgen für einen mehr oder weniger gefälligen „Western-Look".

Abgerundet wird das Gesamtbild durch die Trittbretter. Da diejenigen der FXR weit von dem entfernt sind, was man als ideal bezeichnen könnte, wurde diese Ausführung dann auch vollkommen neu entworfen. Am Zeichenbrett wurden die praktischen Facetten auf der Grundlage der vorhandenen Fußstützen analysiert, so daß nun von einer einzigartigen Trittbrettbefestigung gesprochen werden kann. Ein besseres Resultat hätte man nicht erreichen können. Dasselbe gilt für die nostalgische Two Tone schwarz-graue Lackierung von G.L. Paint.

### Technische Daten

- Motor: 1340 V-Twin Evolution (gummigelagert)
- Tank: Fat Bob FXR
- Schutzblech vorne: Dresser-Style
- Schutzblech hinten: Hinged, Heritage
- Lenker: Medium Buckhorn
- Vordergabel: Wide-Glide dubble disc
- Auspuff: 2 in 1 Fishtail
- Sattel: Spezialherstellung (Kalbsleder)
- Rücklicht: Tombstone
- Lackierung: Two Tone (schwarz/silber) G.L. Paint
- Besonderheit: Trittbrettsystem

# SPORTSTER 883 CLASSIC

*Eine neue Original-'90 Sportster 883 Hugger.*

Das Sportster-Design wird von einer bestimmten Kategorie von Liebhabern immer in den höchsten Tönen gelobt. Die Erfahrung lehrt auch, daß eine Sportster so gebaut werden kann, daß sie von beinahe jedem Harley-Freak akzeptiert wird.

Man stelle sich in Gedanken eine Standard-Sportster vor, und der Plan im Kopf kann sich entwickeln! Langsam aber sicher wird sich das Idealbild einer Super-Sportster, wie es nur eine gibt, abzeichnen.

Ein solch kreativer Gedankengang stand bereits öfter an der Wiege neuer Ideen. Bei L.A. Harley-Davidson Middelharnis ist das nicht anders. In dem Moment, in dem der Rohbau im Prinzip fertiggestellt ist, kommt man oft zu der Erkenntnis, daß in der Praxis doch alles immer etwas anders aussieht. Dann ist es am Motorradbauer, seiner Kreativität freien Lauf zu lassen, um seinen Gedanken in der Praxis Gestalt zu verleihen – auf daß das Idealbild schließlich Wirklichkeit werde!

Hier geht es um eine neue Original-'90 Sportster 883 Hugger, bei der außer Motor, Rahmen und Vordergabel alles demontiert

HARLEY-DAVIDSON

LIVE TO RIDE
RIDE TO LIVE
WAY OF LIFE

*Der klassische Look der 40er und 50er Jahre.*

wurde. Das muß natürlich mit einer gewissen Präzision geschehen, da es von größter Wichtigkeit ist, daß die Originalteile wieder unbeschädigt aus diesem kreativen Prozeß hervorkommen. Das Ganze soll schließlich wieder als neue Harley verkauft werden.

Ein besonderes Detail des hinteren Schutzbleches der Hinged-Heritage ist nun geteilt wie bei der Serien-Sportster. In diesem Falle wurde eine Spezialschablone hergestellt, um ein anschließendes Schutzblech-Vorderstück fertigen zu können, so daß das Aussehen eines durchlaufenden Schutzblechs entsteht.

Die Armaturentafel stammt ebenfalls von CCI, dem 1958 Hydra Glide-Modell, einschließlich des Meilentachos mit den farbigen Ziffern. Auf dem Tachogehäuse befindet sich die orangefarbige Kontrolllampe des Originalmodells, die bei einem eventuellen Blinkeranschluß Dienst tun soll. Die anderen Kontrollampen sind für Leerlauf, Öldruck und Fernlicht. Der Kabelbaum wurde den elektrischen Veränderungen auf der Amaturentafel völlig angepaßt.

Als Hinterrad dient ein 16"-Chrom-Speichenrad von CCI mit Speichen aus rostfreiem Stahl. Eine breite und satte Rückansicht wird durch den Continental-Reifen und die ebenfalls um 3" gekürzten Federn mit breiten Buchsen gewährleistet. Die totale Klassik der 40er-50er Jahre erhielt in dieser Sportster Gestalt.

### Technische Daten

- Motor: 883 V-Twin Evolution
- Schutzblech vorne: Flipskirted
- Schutzblech hinten: Hinged-Heritage, geteiltes Rückblech Sonderanfertigung
- Sattel: Solo-country
- Auspuffanlage: 1 3/4" Drag pipes mit Fishtail-Endrohren
- Frontscheinwerfer: Modell Springer
- Rücklampe: Beehive
- Fußrasten: Forward Controls
- Lenker: Classic Super
- Lackierung: Two Tone (schwarz/crème) G.L. Paint